中国岭南凉茶与文化

刘宇婧　等编著

东南大学出版社
SOUTHEAST UNIVERSITY PRESS
·南京·

内 容 提 要

本书为系统梳理岭南地区凉茶文化及资源的学术著作，前后分为两部分。前半部分为岭南凉茶文化介绍，内容包含当地历史、习俗等方面；后半部分为岭南凉茶原料资源介绍，详细记载了每种原料植物的中文名、拉丁学名、别名、性状、药用部位、干燥识别特征、野外识别特征、生态习性、采收贮藏方法与市场混伪品情况。作者自2010年以来，就关注中国凉茶植物资源利用情况，通过集市调查、走访凉茶铺和野外考察等方式，尽可能全面地记录了这些植物原料的传统知识和市场混伪品情况，为公众、从业人员和决策部门提供科学的、可靠的参考依据。本书将学术与人文结合在一起，拓宽读者对凉茶的认知维度，提高阅读体验。

图书在版编目(CIP)数据

中国岭南凉茶与文化/刘宇婧等编著. —南京：东南大学出版社，2018.12

ISBN 978-7-5641-8212-0

Ⅰ. ①中… Ⅱ. ①刘… Ⅲ. ①茶剂-文化-广东
Ⅳ. ①TS971.21

中国版本图书馆CIP数据核字(2018)第294089号

中国岭南凉茶与文化

编　　著	刘宇婧　等		
责任编辑	陈　跃(025)83795627		
出版发行	东南大学出版社	出 版 人	江建中
地　　址	南京市四牌楼2号	邮　　编	210096
销售电话	(025)83794121		
网　　址	http://www.seupress.com	电子邮箱	press@seupress.com
经　　销	全国各地新华书店	印　　刷	南京新世纪联盟印务有限公司
开　　本	889 mm×1 194 mm　1/16	印　　张	12.25
字　　数	460千字		
版 印 次	2018年12月第1版　2018年12月第1次印刷		
书　　号	ISBN 978-7-5641-8212-0		
定　　价	160.00元		

(凡因印装质量问题，请与我社营销部联系。电话：025-83791830)

序 一

陈士林（中国中医科学院中药研究所）

中国广博的土地皆有灵气，在山川中、戈壁里、悬崖上、深水下，处处都有先民探索的足迹，而中医药文化便是这探索的产物。先民将哲思糅进医学，以自然之力庇佑子孙繁衍，绿色与生命的象征关系，或许是自中医始。草木无心亦有情。岁月流转不知多少个甲子，关于药用植物，前人代代积累的经验已浩如烟海，而更多知识则存在于植物扎根之地——大自然，只有走出去才能真正地获取。

中医药用植物种类繁多，从源头上保证药材的安全性十分重要，我本人所做的中药DNA条形码库建设工作就有这方面的考虑。岭南凉茶如今已是植物型健康饮品的代表，而岭南地区拥有全国近1/3的植物种类，因此实地进行凉茶植物分类、研究工作更是意义重大。但野外工作的艰苦、危险，每一位植物学工作者都深有体会，非毅力坚强、吃苦耐劳者不能坚持。本书作者刘宇婧及其工作团队长期深入实地，致力于岭南地区凉茶原料植物的分类和研究，在凉茶商业化大潮的背面潜心学术，为凉茶植物资源的保护与开发作出了很大贡献。

《中国岭南凉茶与文化》记载了每一种凉茶原料植物的中文名、拉丁学名、药名、干燥识别特征与野外识别特征，对其传统知识也有详细说明，摸清了岭南地区凉茶植物资源的家底，是一部系统记载岭南地区凉茶植物的科学专著。此书不仅对岭南地区民族植物学、分类学和生物多样性研究具有重要的学术价值，更为合理开发与利用凉茶植物资源提供了详尽参考，是现阶段不可多得的一本指导性基础学术专著，具有重大的生态、经济和社会意义。值得一提的是，岭南凉茶文化介绍是本书的开篇，内容充实，文辞考究，大大拓宽了岭南凉茶的认知维度。

能别出心裁地将学术与人文融入一本书中，这足见作者的用心。这样的细节在书中多有表现，凡此种种，不一而足。在本书付梓之际，我欣然赋序，借此机会向广大学人推荐此书，希冀植物学中有更多如作者一般的杰出青年研究者。

谨致数语，乐为之序！

陳宜林

2018年7月于北京

序 二

张卫明（南京野生植物综合利用研究院）

在中医药文化逐渐复兴的背景下，中草药种植达到历史上前所未有的规模，成为最具开发潜力与民族特色的热门领域。凉茶作为我国传统的中草药植物性饮料，近年来其产业规模的剧增进一步推动了中草药种植业的发展。但长期以来，野生中草药行业一直面临着资源短缺，引种栽培品种退化，濒危药材抚育、替代品种研发滞后等难题，已经严重制约了中草药相关行业的发展。在当今凉茶热销的商业背景下，要想让农民从中受惠，必须要从根源抓起，走进自然，实地考察，系统梳理我国宝贵的凉茶植物资源库，助力凉茶植物种植产业化步伐。

凉茶原料植物取之自然，其方剂组合是我国劳动人民在生产实践中的智慧结晶，蕴含传统中医药文化。本书作者刘宇婧及其团队敏锐地抓住了学科发展的前沿，深入岭南地区，实地调查走访，于山川沟谷中跋涉，取得了大量一手资料。科学地总结、整理这些宝贵资料，既是科研成果的推广需要，更是服务于我国凉茶植物资源保护的迫切需求。

这些工作为植物资源优势转化为经济优势奠定了基础，为最终实现经济效益、社会效益和生态效益相统一的可持续发展目标作出了积极贡献。

纵观《中国岭南凉茶与文化》全书，主要有以下几个特点：一是全面系统。全书分为总论和各论，总论介绍了岭南凉茶文化与原料，拓展读者对凉茶的认知，各论将各类药材按药用部位系统分类，书末还附有植物中文名与拉丁名索引，以方便读者查找；二是理论与实践相结合。书中相关内容涉及中草药干燥识别特征和野外识别方法，书中所用资料全部来自作者及其团队实地调查第一线，内容翔实可靠；三是人文与学术相结合。本书开头以文学的笔触介绍了岭南凉茶文化，与书中理论内容相得益彰。

因此，我认为这是一本指导性较强的基础性学术专著，希望该书的出版发行能为关心和从事我国凉茶植物资源的开发、保护和可持续利用的科技与管理工作者提供有益的帮助。谨此为序。

2018年7月于南京

前 言

很早以前，岭南人骨子流淌着商人的血统。据史料记载，公元前214年秦朝统一岭南后，为了巩固统治，从中原迁来了50万移民。这50万人中，除了部分是遭贬谪的官员外，绝大多数都是遭中央政权重农抑商政策打击的商人。岭南素为贬谪流放之地，韩愈被贬潮州时曾写下“好收吾骨瘴江边”的凄凉诗句，传唱千古。但他骨子里的商人血统却让岭南先民于绝境中抓住机遇，在穷山恶水中大胆地就地取材，煎煮出能抵御瘴疠热患的凉茶，流传至今。岭南后辈则在改革的大浪中弄潮，成功地将凉茶一炮打红，使之走出岭南一隅，成为国民性植物健康饮品。

作为一名植物学研究者，祖国传统本草文化能借助凉茶而被更多人知晓，我自然为之欣慰。但与此同时，我的见闻却又让我感到些许隐忧。资本总是涌入立竿见影的地方，追求商业利润，狂飙猛进。而作为凉茶文化孕育的载体——岭南地区的自然生灵却未曾得到应有的重视。一些凉茶原料植物，即便曾经俯拾皆是，在现代文明的扩张下也日渐式微，亟待保护。在当下由于投入保护的资源十分有限，还有许多植物并没有被评估，我们无法准确说明其是否濒危；如今凉茶产业如日中天，药工行业却宛若暮年，在“快”字当头的时代，年轻人不愿从事需要时间积淀的药工，许多传统中药材鉴定的形式依赖口传心授，最终都随着老药工的离世而消失了。此情此景，令人心痛！在此，我希望发挥自己的专业所长，编写这部以《岭南凉茶植物与文化》为题的著作，为无言者言。

专著分为总论与各论两部分，各有侧重。前者着重记述岭南凉茶文化，是编写团队各位同仁在当地实地考察的工作成果。我们将收集来的相关资料与考察时的所见所感糅合在一起，在总论中编写“岭南凉茶文化”与“凉茶原料”两章。虽然篇幅寥寥，但应能使读者对岭南凉茶的历史文化有初步了解。总论对于凉茶产业的发展现状与背后的隐忧做了详实地论述，希冀抛砖引玉，引发大众对相关问题的关注与探讨。各论以药用部位为分类标准，将凉茶植物资源分为根茎类植物、全草类植物、果实类植物、花类植物、叶类植物、种子类植物、地上部分类植物、枝条和藤茎类植物、茎髓类植物、树皮类植物、果皮类植物、刺类植物和孢子类植物等13类，并对它们的特性一一做了阐述。专著的另一特点，就是除按照植物的药用部位分类外，还将植物特征分为干燥成品识别与野外识别两部分，以帮助凉茶从业者与相关研究人员鉴别干燥药材和野外植株。针对目前中药材市场上存在以次充好、鱼目混珠的乱象，我们在研究中还特意加入各种植物常见混伪品的提示，防止误用。人们本来就对药食同源植物的效果存疑，更加经不起安全事故所带来的影响。

专著的编写和出版，得到了国家自然科学基金青年项目(31600254)、江苏省高校优势学科资助项目(苏政办[2014]37号)、江苏大学青年英才培育计划“优秀青年骨干教师”项目的资助。在此，表示感谢。

专著能够成功完成编写，离不开我的导师龙春林教授对我的殷切指导，尽管他事务繁忙，还是在专著撰写过程中提出了许多中肯建议。无论是为学还是为人，龙老师都令我受益颇多。同时，非常感谢邵世和教授辛勤的审校工作。

专著的编著者，除了我，还有其他参编者，他们是金冰、齐是、黎平、洪利亚、张裕和李冠霖等。专著在编写和出版过程中，还得到了毛罕平研究员、付为国研究员和强胜教授的帮助和支持，在此，向他们致以深深的谢意。还要特别感谢陈士林与张卫明两位研究员对青年学者的关爱，感谢他们欣然为本专著作序。

本专著力求物种鉴定准确、收录齐全、图文并茂。但此研究仅为阶段性成果，要掌握更全面的资料，还需长期深入地调查。限于编者的知识水平与能力，书中难免存在疏漏与差错之处，还望读者不吝赐教。余虽不敏，然余诚矣。

刘宇婧
2018年11月于南京

目 录

第一节 根茎类植物

第二节　全草类植物

第三节　果实类植物

第四节 花类植物

第五节 叶类植物

第六节 种子类植物

第七节 地上部分类植物

◎总论

岭南凉茶文化

岭南湿热，暑气逼人。炎炎夏日，连狗儿都只能蜷缩在绿荫中，而度过苦夏，老广自有他们的办法。街头简朴的凉茶铺里，大大小小的瓦罐被火架在灶台上"咕噜咕噜响"，药香从罐中飘出，招徕路人循香而往。每次来人，店主都会叫他们先伸出"脷"（粤语指"舌头"），看他们是热气还是湿毒，然后根据症状在各个瓦罐中挑选，配出一杯对症下药的凉茶。旧日广东，横街窄巷内满是这种情景，市井寻常的背后却是岭南绵延千年的凉茶文化。

"上火"是国人耳熟能详的一个词语，因为灼热、干燥、疼痛等感觉与人们对火的认知相符，所以口舌生疮、牙龈咽喉肿痛都可以用它来形容。现代人生活节奏快，作息不规律，时常"上火"，而在现代生活和商业中与"上火"结合最紧密的便是凉茶了。火锅深受食客的喜爱，店内热气腾腾，锅内红油翻滚，面红耳赤的人们已是大汗淋漓，却还顾口不顾身，继续大快朵颐。为了不上火，几罐入口清凉甘甜的凉茶便是食客们的标配，被寄望能中和不良生活方式带来的影响。来自岭南的凉茶如今俨然是一款国民型饮料，与中医本草文化相关联的它销量早已超越来自西方的可口可乐，令后者望尘莫及。可口可乐问世不过百年，而根据确切的文献记载，岭南凉茶至少有千年的历史。

在古代，不论是经济还是文化，北方之于南方都长期保持着领先地位。春秋时楚国因大片国土处于淮河以南，一度被中原各国排斥在外，嗤为蛮夷。即使到了秦汉之际，《史记·货殖列传》中对南方依旧是"地广人稀，饭稻羹鱼，或火耕而水耨""江南卑湿，丈夫早夭"这样的评价。岭南作为南方之南，环境自然更加险恶，社会秩序自然更加落后。这样的穷山恶水最适合当作贬谪之地了，十去九无归。韩愈当初因一封《谏迎佛骨表》触怒唐宪宗，一贬便至离京八千里之遥的潮州。眼见前瞻茫茫，雪拥蓝关，不禁发出"好收吾骨瘴江边"的喟叹。绍圣年间，苏轼为重回朝堂的变法大臣所排挤，一贬惠州，二贬琼州，连爱妾朝云都因为不堪谪途险远，香消玉殒，殒身惠州了。

"瘴气"是岭南历史绕不开的一个词，历朝历代的文字皆可见它不祥的身影，这身影一旦出现，死亡便紧随其后。海南《儋县志》如是记载："盖地极炎热，而海风甚寒，山中多雨多雾，林木荫翳，燥湿之气不能远，蒸而为云，停而为水，莫不有毒。"贵州龙场是王阳明的谪居之地，《阳明年谱》这样记载，龙场"处于万山丛棘之中，蛇虺魍魉，蛊毒瘴疠，与居夷人鴃舌难语，可通语者，皆中土亡命徒"；而关于瘴气，王阳明的《瘗旅文》记录了这样一番惨痛的见闻：

维正德四年秋月三日，有吏目云自京来者，不知其名氏，携一子一仆，将之任，过龙场，投宿土苗家。予从篱落间望见之，阴雨昏黑，欲就问讯北来事，不果。明早，遣人睹之，已行矣。

> 薄午，有人自蜈蚣坡来，云："一老人死坡下，傍两人哭之哀。"予曰："此必吏目死矣。伤哉！"薄暮，复有人来，云："坡下死者二人，傍一人坐哭。"询其状，则其子又死矣。明日，复有人来，云："见坡下积尸三焉。"则其仆又死矣。呜呼伤哉！
>
> 王阳明《瘗旅文》节选

一个自京城远来的小吏，携仆带子，赴任边陲，没想到两天之内，父、子、仆三人便都在他乡异域命归黄泉。瘴气之害，可见一斑。

古人认为瘴气是郁热山林中动植物腐烂后生成的毒气，但按照现代医学的解释，身中瘴毒就是感染了恶性疟疾。岭南"天气卑湿，地气蒸溽"，茂密潮湿的山林中人迹罕至，极易滋生蚊蚋，大量携带疟原虫的蚊子聚集在一起，远看就像一团黑沉沉的气体，这便是"乌烟瘴气"。人畜经其叮咬，就会身中瘴毒，感染疟疾，全身周期性发冷发热。"青蒿一握，以水二升渍，绞取汁，尽服之"，屠呦呦发明的青蒿素是治疗疟疾的特效药，而启发她的医书《肘后备急方》正是东晋道士葛洪在岭南罗浮山隐居时所作。

"岭南地卑而湿"，茂密丛林中很容易滋生毒物，不只是外地人，就连本地人对于弥漫岭南乡野的"瘴气"也是无可奈何。而滨海和低纬度的地理位置又使得岭南人体质易受湿热影响而发病。凉茶正是岭南人民在当地的自然条件和生活习惯下积累的生活智慧，其取材于山林路旁常见的草药，本质是一类中草药煎水。"去火"可以说只是凉茶功效的冰山一角，配方不同，功效不一。在古代，凉茶主要是用来治疗瘴疠与热患，日常饮用还能起到未病先防的作用。发展到今天，凉茶的概念不断延伸，凡是能起到清热解暑、祛湿消滞、生津止渴、提神醒脑或养颜护肤等作用的茶，都被人们称作凉茶。

公元 311 年，葛洪南下广州，归隐罗浮，其医学著作《肘后备急方》中记载了很多治疗岭南热毒上火的药方，凉茶的雏形便是在那时出现的。例如《太乙流金方》为："雄黄三两，雌黄二两，矾石鬼箭各一两半，羧羊角二两，捣为散，三角绛囊贮一两，带心前并门户上，月旦青布裹一刀圭，中庭烧，温病人亦烧熏之即差。"上述药方中的生草药都是针对温湿气候，用来治疗温热上火等症状的，其功效与后世的凉茶有异曲同工之妙。

经济、文化的落后限制了岭南的医学发展，即使到了宋朝，民众面对瘴疠之灾仍常常束手无策，只能寄希望于巫医，病苦难除。苏轼被贬惠州不久，便不断向亲友写信，从别处求购药材，合药施舍给当地的百姓：

> 治瘴止用姜葱豉三物，浓煮呷，无不效者。而土人不做豉；又此州无黑豆，闻五羊（广州）颇有，乞为致三石，得作豉散饮疾者，不罪，不罪。
>
> 苏轼《与王敏仲书》节选

苏轼生活的北宋重文轻武，歌舞升平下潜藏着军务松弛的巨大危机。靖康之变，徽、钦二宗被金人俘虏，宋室南渡，康王赵构逃到临安（今杭州）宣布即位，建立南宋。南方相对安定的社会环境和大量尚未垦种的可耕地吸引了渴望安居乐业的北地人民，他们纷纷归于南宋。“中原士民，扶携南渡，不知几千万人”“江浙湘湖闽广西北流寓之人遍满”。流徙的北民带来了大量劳动力和先进的耕作技术，南方从“蛮夷之地”成为“鱼米之乡”，医药水平也随之大大发展。岭南同样受益颇多，岭南凉茶逐渐走上了历史的舞台。

据元代医书《岭南卫生方》记载，岭南地区时常瘴气瘟疫成灾，死伤无数，而凉茶在救死扶伤中发挥的作用尤为引人注意：

> 其年余染瘴疾特甚，继而全家卧疾……二仆皆病。胸中痞闷烦躁，一则昏不知人，一则云：“愿得凉药清利膈脘。”余辨其病皆上热下寒。皆以生姜附子汤一剂，放冷服之。即日皆醒，自言胸膈清凉。得凉药而然。
>
> 释继洪《岭南卫生方》节选

与如今市场对它饮料的定位不同，这里的凉茶专门用于治疗瘴疠热患，是地地道道的汤药，大多用黄连、大黄、黄芩等生草药煎煮而成。在广东民间至今还保留着自制凉茶的习惯，假如身体有个头疼伤风的小毛病，便自己抓几味中药煎煮成凉茶饮用或是去凉茶铺请伙计为自己调制凉茶。即使身体无恙，生活在湿热气候下的岭南人也习惯偶尔喝几杯凉茶，除湿去热，起到未病先防的作用。

至明清时期，凉茶种类越来越多，茶饮中配以药物已是极为普遍，李时珍的《本草纲目》中记载着许多这种药方。例如，茶与茱萸、葱、姜一同煎服，助消化，理气顺食；与醋一同煎服，可治中暑、痢疾；另外，与姜煎服对痢疾也有良好疗效。山野丛林间、阡陌沟壑旁尽是诸如金银花、冬桑叶、车前草、夏枯草之类的药材，这为岭南地区凉茶——本质是中草药煎水的发展提供了良好的条件。而岭南瘴热，疫病横行，这促使当地人民设法防治，推动了凉茶的发展，开凉茶铺子渐渐成了岭南地区三百六十行之外的一个新行当。

岭南虽然发展落后于中原地区，但凭借优越的地理位置，商业在此十分兴旺，四大商帮之一的粤商便是起源于此。广州在古代被誉为“天子南库”，根植于商业文明之上——这是地理环境造就的不可更易的传奇。作为海上丝绸之路的起点，广州拥有深水良港，一面迎向无垠的南海，借助信风，航船可以抵达南洋、大西洋乃至波斯湾、红海，一面连接西江、东江、北江这“三江”，航船可以进入云南、贵州、四川、江西与湖南，再转陆路，抵达中原腹地。历史上，广州曾是我国最早的对外通商口岸，在闭关锁国的清朝，十三行更是作为壁垒上唯一打开的窗户，连接着古老东方与西方的贸易往来。

发达的商业带来了熙熙攘攘的市场，而广州郁热的天气让本就拥挤的生存空间更显局促。火亢过甚，心思躁动，此时喝一杯便宜的凉茶下火是再好不过的选择了。从前制作凉茶得自己采药煎熬，否则就得到药店购置草药原料，道光八年(1828 年)，王泽邦创制了王老吉凉茶配方，之后便在西关十三行路靖远街开设了广州第一间凉茶铺。凉茶铺中的凉茶都是现场制作，随来随饮，十分方便。虽然味道奇苦，但他的凉茶祛湿消暑的效果显著，因此大受欢迎，往来的商人、旅人，码头上的搬运工、黄包车夫都爱花两文钱喝上一碗。王老吉凉茶因此声名鹊起，如今已是举国皆知的品牌。

凉茶立足于传统中医药文化，药食同源、天人感应、阴阳平衡等理论都是凉茶被认可的理论根基。然而从晚清至民国，随着西医医院和学校的建立，中医越来越受到外界的质疑。国民党政府甚至一度废止中医，1931年汪精卫宣布"不但国医一律不许执业，全国中药店亦应限令停业"。拥有千年历史的凉茶在这时显现出了强大的生命力，非但没有式微，反而越挫越勇，久负盛名的有橘香斋的甘露茶和生茂泰的午时茶，民间饮用凉茶的习惯也从未间断。以"王老吉"为例，日据时期广州的"王老吉"凉茶货栈全部被焚毁，第二次世界大战结束后，"王老吉"便立即在广州市海珠中路恢复生产。到中华人民共和国成立前，广东已经有大大小小数十家凉茶品牌了，其中"王老吉""黄振龙"还拥有不小的规模。

公私合营后，在内地以"王老吉"为代表的拥有自己药厂的品牌基本都放弃了凉茶铺的经营，而"黄振龙"等经营水碗茶的品牌因为缺乏药材加工技术和设备，在种种原因的综合作用下，后来都被迫关闭。改革开放初，市场上虽然出现了零星的个体凉茶铺，但经营者大都只把它当成维生的权宜之计，没想过要怎样去发展，而民众也多习惯在家里煲凉茶，较少购买成品。后来，国外饮料的进入更是给凉茶的生存发展造成了巨大压力，与现代饮料公司的现代化管理、品牌化运作、标准化生产和规模化扩张相对比，以手工工艺熬制并多以家庭式经营的凉茶铺显得无比沧桑，悄无声息地在城市昏暗的角落里打发自己剩余的时光。

凉茶是岭南人民为了适应郁热瘴毒环境而做出的创造，现代化商业是凉茶在"适应"上的第二个成功案例。如今，铜葫芦、瓦煲台慢慢成了街坊邻里的一种集体记忆，取而代之的是类似奶茶店的新型凉茶铺，用现代化的包装迎合市场的喜好。曾经的中草药煎水已经改头换面，在商业化的包装运作下，成为唯一能与碳酸饮料相抗衡的饮料品种，席卷全国，无分四季。白雪皑皑的朔北，窗上结满霜花，食客在屋里快意地吃着来自川渝的火锅，因为担心上火，不时端起桌上来自岭南的凉茶痛饮几口。这红红火火的画面背后是地域文化的融合，而凉茶无疑是这融合最佳的见证者。

2005年底，凉茶已入选国家非物质文化遗产；2006年，广东凉茶成功列入国家首批"非物质文化保护遗产"。拥有如此殊遇，凉茶的功能自然不是"去火"二字就能简单概括的，它的种类有清热解毒茶，有解感茶，有清热润燥茶，还有清热化湿茶。岭南人爱饮凉茶，罗汉果茶、胡萝卜竹蔗水等是多数岭南家庭都会煲制的凉茶，据调查，凉茶市场上有近百个品牌角逐，而在民间，凉茶的做法更是有二百多种。即使现在凉茶的市场开辟到了全世界，岭南人依旧保留着自己煲制凉茶的习惯。瓦煲是他们煲制凉茶的指定容器，铁壶作为现代化器皿总存在着与中药成分发生反应的隐患，被排除在选项之外，这是岭南人对传统、品质的坚持。

之于凉茶，原料比器皿更与品质相关，倘若没有慧心，岭南人也无法发掘出当地丰富的中草药资源。再好的处方都需要药材的配合，因此中医向来重视药材的鉴别，《神农本草经》《本草纲目》都是其中的佳作。传统的药材鉴别方法多以经验鉴别为主，主要利用性状判断药材真伪，辅以简单的理化实验。如鉴别太子参，李时珍谓："其形似人形者，谓之孩儿参"，这是从形状上判别；对于鱼腥草，李时珍谓："其叶腥气，故俗称为鱼腥草"，这是从气味上判别；对于不同品质的乳香，李时珍又谓:“次为水湿塌,水渍色败气变者”,这是用水浸实验的方法判别。原料对了,功效才对,岭南凉茶的发展离不开药材鉴定方法的进步。

凉茶市场的规模已经突破500亿元,也正是因为如此,凉茶植物原料市场的一些混乱不得不引起人们的关注。近年来,药食同源植物的需求量日益增加,重要野生植物的长期过度采伐致使资源濒危。在此情况下,一些不法商贩利欲熏心,以假充真,对消费者的健康造成了严重威胁。但市场对于这些原料植物的鉴定大多只能依靠从业人员的经验,品种混乱、形态相似的植物往往鉴别困难。以凉茶常用的原料夏枯草为例,它与紫背金盘、山菠菜的干燥果穗相似,难以通过肉眼甄别。

植物原料鉴定面临的局面愈发复杂,从业者的鉴定能力却并没有随之提升,年轻人不愿意从事需要时间修炼的药工,于是许多传统药材鉴别知识需要口传心授,但却都随着老药工的离世而消失了。另一方面,现代文明的扩张深刻影响着自然环境,许多曾经常见的凉茶原料在野外已逐渐难觅踪迹,亟待人类保护。当此局面,我们不能不重视对于凉茶植物资源的普查工作,了解混伪品情况,保护其自然生长环境。否则,不只是凉茶行业,中医的发展也必将遭受桎梏,阻碍传统医药文化的继承与发扬。

本书将凉茶原料植物分为13种,分别是根茎类、全草类、果实类、花类、叶类、种子类、地上部分类、枝条和藤茎类、茎髓类、树皮类、果皮类、刺类和孢子类植物。撰写本书,是为了编目凉茶植物种类,保护凉茶植物资源与文化,指导相关从业者生产实践。

茶叶与“茶”

古书记载:“神农尝百草,日遇七十二毒,得茶而解之。”关于茶叶,人们最早认识到的便是其药用价值。随着中医的发展,茶叶开始佐配一些药物或者食物煎服,借此发挥特别的疗效,此即“药茶”。药茶在古代被人们广为接受,唐代“药王”孙思邈所著的《备急千金要方》《千金翼方》等书载有“治哕逆竹茹芦根茶”等十余种药茶方,明代李时珍的《本草纲目》中同样载有多种相关药方(比如,茶叶与醋一同煎服,喝下后能防治中暑;茶叶与姜煎服,药汤对痢疾也有不错的效果)。

随着“茶”的概念不断发展,凡是能够保健防病的饮品,即便里面没有茶叶,人们也称之为“茶”,比如缓解头痛感冒的“薄荷茶”。此时“茶”已经不只品茶,它身上还带有药用价值的符号。旧时的广东人头昏脑热时不爱找郎中,偏往凉茶铺跑,一杯凉茶下口便顿觉清爽。所谓凉茶,即是药性寒凉或能消解内热的中草药煎水,其药效在岭南地区被一代代人检验,因此被归为“茶”类也就不足为奇了。

凉茶不“凉”

在大众的理解中,“凉”是指温度低,可你千万不要望文生义,凉茶之“凉”不在于温度,岭南人饮茶都是趁热喝。中医理论认为，人体本身是含有火的，这“火”随生命的停止而“熄灭”。但如果火过亢就会出现红、肿、热、痛、燥的症状，比如面赤烦躁、神昏谵语、口渴喜冷饮、舌红苔黄燥。

正常人体内阴阳是平衡的，如果阴正常而阳过亢则为实火，然而现代人因为多坐少动常常是阳正常而阴不足，同样表现为阳过亢，这就是虚火。“五志过极，皆为热甚”，金元四大家之一刘元素认为百病多因“火”，而治疗病患要遵循“降心火、补肾水”的原则，多使用寒凉药方。依照此种理论流传下来的桑菊饮、银翘散至今还被医家广泛使用。

凉茶之“凉”是中医里的“寒凉”，与“温热”相对，岭南人常常用它来去肝火、泄湿气。常言道，“广东三件宝:烧鹅、荔枝、凉茶铺”。凉茶一则解渴，二则防患，三则治病，旧时诊费高昂，凉茶价廉，百姓偶染小恙更愿意去凉茶铺，一碗凉茶下肚便神清气爽。因此，在广州等城市，很早就有“凉茶铺多过米铺的说法”，岭南人对凉茶的热爱可见一斑。

岭南茶缘

岭南古为百越之地，属于珠江流域，是中国大陆的最南端。《黄帝内经》中说到，“南方生热，热生火”，因其炎热，南方五行属“火”。而岭南因其临海，“火”又添了一股湿气。根据中医天人相应的理论，岭南人体内阴不制阳，易受湿热影响而发病，古时民间称之为“热病”。据元代医书《岭南卫生方》记载，岭南地区常因瘴气瘟疫成灾，死伤无数:

其年余染瘴疾特甚，继而全家卧疾……二仆皆病，胸中痞闷烦躁，一则昏不知人，一则云:“愿得凉药清利膈脘。”余辨其病皆上热下寒。皆以生姜附子汤一剂，放冷服之，即日皆醒，自言胸膈清凉。得凉药而然。

这里的“凉药”便是凉茶。天地间的万事万物皆相生相克、相反相成，尽管岭南多瘴气，人体易感热病，但正如“毒蛇出处，七步之内必有解药”，瘴气弥漫的岭南山野中，诸如夏枯草、金银花、布渣叶等专治热病等中草药到处都是。人们凭借经验抓来几味煎煮成汤而饮，观察功效如何，前人无数次的尝试使岭南地区流传着许多凉茶验方，或是解表，或是解感，或是润肺，或是化湿……岭南凉茶文化源远流长，它在药农的竹筐中、在茶铺的瓦罐里、在桌上的瓷碗中孕育而生，香飘千年。

药食同源

神农尝百草的时代，人们可不知道什么能吃，什么有毒，在长期的尝试中，人们渐渐发现，可食之物除了饱腹，还可以治病。唐朝的《黄帝内经太素》中写道:“空腹食之为食物，患者食之为药物。”食物与药物并没有明确界限，即便是最常见的老母鸡汤，在一些地区也是冬至进补的必需品。古人在对比过各种食物、药物的性味与功效之后，提出了“药食同源”理论。

中医文化在岭南得到了很好的传播，平民百姓也都懂得调理养生的道理。在广州，大人为了防止小孩因为“热气”而皮肤长红斑，排便不畅，常会让孩子喝牛奶时再喝一些金银花煲的水。粤菜里的老火汤中常用桂圆肉、无花果，它们虽属干货，其实也有药补之效。老火汤与凉茶一样，都能防病保健，只是因为比较好喝，所以成了岭南餐桌上的一大特色。

吃饭有忌口，饮用凉茶也是如此，药物与饮食相适应才有利于疾病的消除。在饮用凉茶期间，应禁食辛辣、油腻等难消化且有刺激性的食物。岭南水果丰富，当地人民在长期的生活实践中还发现在饮用凉茶期间要避免温性水果，如荔枝、龙眼、榴莲等，橙、橘等多吃也会酿生湿热，菠萝、芒果为过敏体质者之忌。

凉茶商道

岭南商盛，而广东由于得天独厚的地理优势，是全国商业枢纽之一，很早就成为对外通商口岸，沟通古老东方与世界的交流。在闭关锁国的时代，此地却有十三行的熙熙攘攘，洋商在此穿梭来往，这儿是当时仅余的开放。

十三行既是商旅云集的熙攘之地，也是火亢热甚的伤人之所。码头上顶着烈日搬运重物的，酒肆中为生意挣拗上火的，长途贩运中身中暑气的，都喜欢花几文钱喝一碗凉茶消解。

凉茶所需的诸如夏枯草、金银花等中草药在岭南山野俯拾皆是，因此价格亲民，过去是几毛钱一碗，现在也不过是几块钱一杯。旧时凉茶虽然利润不高，但凉茶铺也会挖空心思地去做宣传推广。王老吉就有歌谣：

落雨大，水浸街，阿哥担柴上街卖。
吾系阿姐想花戴，细佬热气要药解。
吾够派，吾够卖，好呀从来都崇拜。
王老吉伙计够高大，上山采药跑得快。
凉茶凉，见效快，一碗落肚就好晒。
人人想饮不奇怪，煲一铜壶随街派。
跑得快，好世界，你采药，我斩柴。
互相不欠钱和债，齐齐揾钱娶太太。

而黄振龙凉茶则给羊城的黄包车夫免费派发印有“黄振龙凉茶”字样的外套，黄包车夫四处一跑，满城人就都知道他们家的凉茶了。除此之外，黄振龙还会雇佣贫民举着牌子到处吆喝“黄振龙癍痧凉茶，发烧发热有揸拿”，唱到街知巷闻，深入人心。

曾经凉茶都只是偏安岭南一隅，做着一把铜壶、若干茶碗的小生意，有时甚至连弹丸大小的店面都没有，只能靠小贩的一双腿串遍街巷。如今凉茶已经突破地域限制，走向全国，行至海外，市场规模超过 500 亿。凉茶立足于中国草本文化，而全球销量赶超可口可乐，这是传统文化与现代商业相结合打的一场胜仗。

凉茶原料

岭南属我国季风气候区南部，具有热带、亚热带季风海洋性气候特点，北回归线横穿岭南中部，高温多雨为主要气候特征。降水量丰沛，温度较高，这为树林的生长提供良好的水热条件，故当地丛林茂密；岭南在历次地壳运动中受褶皱、断裂和岩浆活动的影响，形成了山地、丘陵、台地、平原交错的地貌，类型复杂多样。得益于温暖湿热的气候与复杂的地形地貌，岭南虽然面积占全国比例不大，却拥有全国约1/3的植物种类，根据1983年10月至1987年5月的普查，岭南地区(只算上广东、海南)中药资源共2 645种。

岭南多药，岭南人也善于用药，如今说起中医药老字号，人们自然而然地就会想到广东宝芝林。鸦片战争后，中医学发生重大变革，学校教育模式逐渐取代了传统的世袭家传和师徒相授的方式。至民国时期，广东中医教材无论从数量上还是质量上，都位居全国前列，尤其广东中医药专门学校使用的教材在全国获得广泛好评，“各处国医专门学校，收广东中医药专门学校者颇多”。丰富的中药资源和良好的中医传承为凉茶配方提供了无限可能，岭南人民结合中医知识调制出许多不同用途的凉茶，漫山遍野的原料更是使凉茶成本低廉，人人都能喝得起，造福一方百姓。

《黄帝内经太素》一书中写道：“空腹食之为食物，患者食之为药物。”这便是药食同源的理论基础。几千年来，先人翻山越岭，采撷百草，在孜孜以求中认识到，很多食物可以药用，很多药物也可以食用，两者很难严格区分。药食同源是中医药文化的双面传奇，凉茶则是岭南人将其发挥到极致的产物。凉茶的原料是诸味药材，但同样具备食物的性味与功效，诸如芡实、枸杞、山药、莲子都是食疗养生的佳品。由于凉茶的原料以甘寒和苦寒的中草药为主，所以饮用时需要选择适合自己的凉茶种类，适量饮用，否则反而会耗伤津气，引起腹胀腹泻、食欲减退、精神匮乏等副作用。

凉茶的诸味原料，生于山野或许终生不得相见，但聚在一个小小的瓦煲中，却能互相促进，迸发出本草的神奇力量。奇峰林立的张家界是杜仲的道地，位于黄河之畔的焦作则是牛膝的道地，二者相距1 000多千米，在中医中两味药材却常常配伍，治疗腿疾。夏桑菊饮是常见的凉茶，配方即名字中包含的三种药物，方中夏枯草能解郁结，桑叶、菊花又能疏散风热。各药合用，既能清肝热，疏风热，又能解疮毒，且有平肝潜阳的作用。但本草的配伍有七情之说，相遇可能导致“相须”，带来效用的增强，也有可能导致“相反”，产生副作用甚至是毒性，因此，煲制凉茶切不可随意搭配原料。

凉茶与中医药同根同源，制作基本都采用煎煮的方法。药材煎煮前都应采用清水浸泡，因为中草药含有淀粉和蛋白质，如果不用清水浸泡而直接用武火煎煮，药物表面所含的蛋白质会因骤然受热而凝固，在药物表面形成一层阻隔，使得水分难以渗入，药物里的有效成分难以溶解和释出，影响药效。煎煮药材的火候须“先武后文”，即先用武火(猛火)煮沸，再用文火(小火)保持微沸状态，以免汁溢出或煮煳。在煎煮过程中不宜揭盖搅拌，避免有效成分挥发，降低药效。凉茶也可以重复煎煮，一般可以重复煎煮2～3次，之后有效成分便溶解殆尽了，失去药用价值了。正宗的凉茶一定是用瓦罐煎煮而成，铁锅虽然传热快，但其析出的金属离子却可能会与药物成分发生反应，影响药效。

民以食为天，食以安为先。王老吉被夏枯草事件推上风口浪尖便是因为卫计委公布的87种允许食用的药材名单中没有夏枯草，专家指出夏枯草会对孕妇、儿童、老人和体虚胃寒者造成伤害，引得人心惶惶。倘若连原料安全都无法保证，凉茶作为饮品，市场扩张得越大，隐藏的炸弹也就越危险。近年来，关于中药有效性、科学性的讨论很多，与之同根同源的凉茶也不可避免地受到了牵连。发展的道路从来都是曲折的，中医中许多都是验方，无法从科学的角度解释作用原理。但这是现阶段科学水平的限制所致，既然本草文化可以守护中华民族数千年的繁衍生息，其功效就不再存疑，我们要做的事是努力提高自己的认识水平，研究清楚中药的作用原理，使凉茶文化与中医药文化能为全世界所共享。

◎各论

第一节　根茎类植物

欧洲菘蓝

科名： Cruciferae　　**药名：** 板蓝根

种名： *Isatis tinctoria* L.　　**别名：** 蓝靛、大青叶、菘蓝、青黛

药用部位： 根。

植物特征：

干燥成品识别： 欧洲菘蓝干燥根呈圆柱形，稍扭曲。表面淡灰黄色或淡棕黄色，有纵皱纹、横长皮孔样突起及支根痕。根头略膨大，可见暗绿色或暗棕色轮状排列的叶柄残基和密集的疣状突起。体实，质略软，断面皮部黄白色，木部黄色。气微，味微甜后苦涩。

野外识别： 二年生草本；茎直立，茎及基生叶背面带紫红色，上部多分枝，植株被白色柔毛(尤以幼苗为多)，稍带白粉霜。基生叶莲座状，长椭圆形至长圆状倒披针形，灰绿色，顶端钝圆，边缘有浅齿，具柄；叶缘及背面中脉具柔毛。萼片近长圆形；花瓣黄色，宽楔形至宽倒披针形，顶端平截，基部渐狭，具爪。短角果宽楔形，顶端平截，基部楔形，无毛，果梗细长。种子长圆形，淡褐色。花期4～5月，果期5～6月。

生　　境： 生于村中、路旁和山地疏林中湿润的地方。

濒危等级： 无危(LC)。

性味与归经： 苦，寒。归心、胃经。

功　　效： 用于外感风热，感冒。

采收和储藏： 秋季采挖，晒干。

混 伪 品： 大青 *Clerodendrum cyrtophyllum*。

芍药

科名: Ranunculaceae	**药名**: 白芍
种名: *Paeonia lactiflora* Pall.	**别名**: 白芍、野牡丹、赤芍、山芍药

药用部位: 根。

植物特征:

干燥成品识别: 芍药干燥根呈圆柱形,平直或稍弯曲,两端平截。表面类白色或淡棕红色,光洁或有纵皱纹及细根痕,偶有残存的棕褐色外皮。质坚实,不易折断,断面较平坦,类白色或微带棕红色,形成层环踞显,射线放射状。气微,味微苦、酸。

野外识别: 多年生草本。根粗壮,分枝黑褐色。茎无毛。下部茎生叶为二回三出复叶,上部茎生叶为三出复叶;小叶边缘具白色骨质细齿,两面无毛,背面沿叶脉疏生短柔毛。花数朵,生茎顶和叶腋,有时仅顶端一朵开放,而近顶端叶腋处有发育不好的花芽;花瓣倒卵形,白色;花丝黄色;花盘浅杯状,包裹心皮基部,顶端裂片钝圆。

生　　境: 生长于海拔 1 000~2 300 米的山坡草地。

濒危等级: 无危(LC)。

性味与归经: 苦、酸,微寒。归肝、脾经。

功　　效: 用于治疗月经不调,盗汗,头痛眩晕。

采收和储藏: 夏季和秋季采挖,除去头尾和细根,去皮后晒干。

混 伪 品: 草芍药 *Paeonia obovata*、毛叶草芍药 *Paeonia obovata* var. *willmottiae*。

白术

科名: Compositae	**药名**: 白术
种名: *Atractylodes macrocephala* Koidz.	**别名**: 冬术

药用部位：根茎。

植物特征：

干燥成品识别：白术干燥根茎为不规则的肥厚团块。表面茯黄色或灰棕色，有瘤状突起及断续的纵皱和沟纹，并有须根痕，顶端有残留茎基和芽痕。质坚硬不易折断，断面不平坦，黄白色至淡棕色，有棕黄色的点状油室散在；烘干者断面角质样，色较深或有裂隙。气清香，味甘、微辛，嚼之略带黏性。

野外识别：多年生草本。茎直立，光滑无毛。叶片通常3～5羽状全裂，纸质，两面绿色，无毛，边缘或裂片边缘有针刺状缘毛或细刺齿。头状花序单生茎枝顶端，植株通常有6～10个头状花序。苞叶绿色，针刺状羽状全裂。总苞大，宽钟状，边缘有白色蛛丝毛。中层总苞片顶端紫红色。小花紫红色，冠簷5深裂。瘦果倒圆锥状。冠毛刚毛羽毛状，污白色。花果期8～10月。

生　　境：山坡草地及丘陵。

濒危等级：无危(LC)。

性味与归经：苦、甘，温。归脾、胃经。

功　　效：用于健脾益气，燥温利水，止汗。

采收和储藏：冬季采挖，晒干。

混 伪 品：菊三七 *Gynura japonica*、云木香 *Saussurea costus*。

白头翁

科名：Ranunculaceae	**药名：**白头翁
种名：*Pulsatilla chinensis* (Bunge) Regel	**别名：**毛女花、秃头花

药用部位：根。

植物特征：

干燥成品识别：白头翁干燥根呈类圆柱形或圆锥形，稍扭曲。表面黄棕色或棕褐色，具不规则纵皱纹或纵沟，皮部易脱落，露出黄色的木部，有的有网状裂纹或裂隙，近根头处常有朽状凹洞。根头部稍膨大，有白色绒毛，有的可见鞘状叶柄残基。质硬而脆，断面皮部黄白色或淡黄棕色，木部淡黄色。气微，味微苦涩。

野外识别： 多年生草本。根状茎。叶片宽卵形，3全裂，叶柄密生柔毛。花葶有柔毛；苞片3，基部合生成筒，3深裂；花直立；萼片蓝紫色，长圆状卵形，背面有密柔毛；雄蕊长约为萼片之半。聚合果，瘦果纺锤形，扁，有长柔毛，宿存花柱有向上斜展的长柔毛。花期4～5月。

生　　境： 生于平原和低山山坡草丛中、林边或干旱多石的坡地。

濒危等级： 无危(LC)。

性味与归经： 苦，寒。归胃、大肠经。

功　　效： 用于清热解毒，凉血止痢。

采收和储藏： 春、秋二季采挖，干燥。

混 伪 品： 打破碗花花 *Anemone hupehensis*、羊耳菊 *Inula cappa*、蒲公英 *Taraxacum mongolicum*、秋鼠麴草 *Gnaphalium hypoleucum*、翻白草 *Potentilla discolor*、白鼓钉 *Polycarpaea corymbosa*、金疮小草 *Ajuga decumbens*、毛大丁草 *Gerbera piloselloides*。

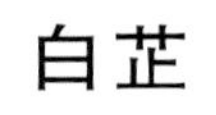

白芷

科名： Umbelliferae	**药名：** 白芷
种名： *Angelica dahurica* (Fisch. ex Hoffm.) Benth. et Hook. f. ex Franch. et Sav.	**别名：** 走马芹

药用部位： 根。

植物特征：

干燥成品识别： 白芷干燥根呈长圆锥形。表面灰棕色或黄棕色，根头部钝四棱形或近圆形，具纵皱纹、支根痕及皮孔样的横向突起，有的排列成四纵行。顶端有凹陷的茎痕。质坚实，断面白色或灰白色，粉性，形成层环棕色，近方形或近圆形，皮部散有多数棕色油点。气芳香，味辛、微苦。

野外识别： 多年生高大草本。茎和叶常带紫色，中空，有纵长沟纹。基生叶2～3回羽状分裂，复伞形花序顶生或侧生，花序梗、伞辐和花柄均有短糙毛；小总苞片线状披针形，膜质，花白色；无萼齿；花瓣倒卵形。果实长圆形至卵圆形，黄棕色，无毛，背棱扁，厚而钝圆，近海绵质，侧棱翅状，较果体狭。花期7～8月，果期8～9月。

生　　境：常生长于林下、林缘、溪旁、灌丛及山谷草地。

濒危等级：无危(LC)。

性味与归经：辛，温。归胃、大肠、肺经。

功　　效：用于解表散寒，祛风止痛，消肿排脓。

采收和储藏：夏、秋间叶黄时采挖，晒干。

混　伪　品：隔山香 *Ostericum citriodorum*、羊耳菊 *Inula cappa*。

百部

科名：Stemonaceae　**药名：**百部

种名：*Stemona japonica*（Bl.）Miq.　**别名：**药虱药

药用部位：块根。

植物特征：

干燥成品识别：百部干燥块根两端稍狭细，表面黄白色或淡棕黄色，有不规则皱褶和横皱纹。质脆，易折断，断面平坦，淡黄棕色或黄白色，皮部较宽，中柱扁缩。气微，味甘、苦。

野外识别：块根肉质，成簇，常长圆状纺锤形。茎下部直立，上部攀援状。叶轮生，纸质或薄革质，卵形，边缘微波状；花序柄贴生于叶片中脉上，聚伞状花序；苞片线状披针形；花被片淡绿色，披针形，顶端渐尖，开放后反卷；雄蕊紫红色；花药线形；蒴果卵形、扁的，赤褐色，顶端锐尖，熟果2爿开裂。种子椭圆形，稍扁平，深紫褐色，表面具纵槽纹，一端簇生多数淡黄色、膜质短棒状附属物。花期5～7月，果期7～10月。

生　　境：生于海拔300～400米的山坡草丛、路旁和林下。

濒危等级：缺乏(DD)。

性味与归经：甘、苦，微温。归肺经。

功　　效：用于润肺，下气止咳。

采收和储藏：春、秋二季采挖，热水蒸至无白心，晒干。

混　伪　品：大百部 *Stemona tuberosa*、山文竹 *Asparagus acicularis*。

苍术

科名：Compositae	药名：苍术
种名：*Atractylodes lancea*（Thunb.）DC.	别名：枪头菜、马蓟

药用部位：根茎。

植物特征：

干燥成品识别：苍术干燥根茎呈不规则连珠状，略弯曲，偶有分枝。表面灰棕色，有皱纹、横曲纹及残留须根。质坚实，断面黄白色或灰白色，散有多数橙黄色或棕红色油室，暴露稍久，可析出白色细针状结晶。气香特异，味微甘、辛、苦。

野外识别：多年生草本。根状茎平卧或斜升，粗长或常呈疙瘩状，生多数等粗等长或近等长的不定根。茎直立，下部常紫红色。基部叶花期脱落；中下部茎叶长羽状深裂或半裂，基部楔形或宽楔形，扩大半抱茎；叶质地硬，两面绿色，无毛，边缘有刺齿。头状花序单生茎枝顶端。总苞钟状；苞叶针刺状羽状全裂或深裂；总苞片覆瓦状排列，全部苞片顶端钝或圆形，边缘有稀疏蛛丝毛。小花白色。瘦果倒卵圆状，被稠密的顺向贴伏的白色长直毛。冠毛刚毛褐色或污白色，羽毛状，基部连合成环。花果期6～10月。

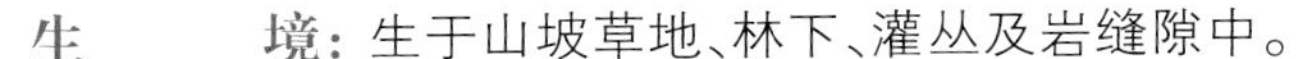

生　　境：生于山坡草地、林下、灌丛及岩缝隙中。

濒危等级：缺乏(DD)。

性味与归经：辛、苦，温。归脾、胃、肝经。

功　　效：用于燥湿健脾，祛风散寒，明目。

采收和储藏：春、秋二季采挖，晒干。

混 伪 品：无。

宽瓣重楼

科名: Trilliaceae	**药名:** 重楼
种名: *Paris polyphylla* var. *yunnanensis* (Franch.) Hand.-Mazz.	**别名:** 草河车、滇重楼、两把伞、七叶一枝花

药用部位: 根茎。

植物特征:

干燥成品识别: 重楼干燥根茎呈扁圆柱形结节状,略弯曲。表面黄棕色或灰棕色,外皮脱落处呈白色;密具层状突起的粗环纹,一面结节明显,结节上具椭圆形凹陷茎痕,另一面有疏生的须根或疣状须根痕。顶端具鳞叶和茎的残基。质坚实,断面平坦,白色至浅棕色,粉性或角质。气微,味微苦、麻。

野外识别: 多年生草本。叶轮生,厚纸质。花梗从茎顶抽出,顶生一花;花两性,萼片披针形或长卵形,绿色;花被片黄色。花期6~7月,果期9~10月。

生　　境: 生于海拔1 800~3 200米的林下。

濒危等级: 近危(NT)。

性味与归经: 苦,微寒;有小毒。归肝经。

功　　效: 用于清热解毒,消肿止痛,凉肝定惊。

采收和储藏: 秋季采挖,洗净,晒干。

混 伪 品: 拳参 *Polygonum bistorta*。

绵萆薢

科名: Dioscoreaceae	**药名:** 绵萆薢
种名: *Dioscorea septemloba* Thunb.	**别名:** 萆薢

药用部位: 根茎。

植物特征：

干燥成品识别：绵萆薢干燥根茎为不规则的薄片，边缘不整齐，大小不一；外皮棕黑色或灰棕色，切面黄白色或淡灰棕色，维管束呈小点状散在。质松，略有弹性，易折断，新断面近外皮处显淡黄色。气微，味辛、微苦。

野外识别：缠绕草质藤本。根状茎横生，竹节状，断面黄色。茎左旋。单叶互生。花被碟形，顶端6裂，裂片新鲜时黄色，干后黑色；雄蕊3枚，雌花序穗状；柱头3裂。蒴果三棱形，成熟后反曲下垂；种子2枚，成熟时四周有薄膜状翅。花期5～8月，果期6～10月。

生　　境：生于海拔450～750米山地疏林或灌丛中。

濒危等级：无危(LC)。

性味与归经：味苦，性平。入肾、胃经。

功　　效：用于利湿去浊，祛风除痹。

采收和储藏：秋、冬二季采挖，洗净，晒干。

混 伪 品：山萆薢 *Dioscorea tokoro*（有毒）、马肠薯蓣 *Dioscorea simulans*（有毒）。

川芎

科名：Umbelliferae	**药名：**川芎
种名：*Ligusticum chuanxiong* Hort.	**别名：**小叶川芎

药用部位：根茎。

植物特征：

干燥成品识别：川芎干燥根茎发达，呈不规则结节状拳形团块。表面黄褐色，粗糙皱缩，有多数平行隆起的轮节，顶端有凹陷的类圆形茎痕，下侧及轮节上有多数小瘤状根痕。质坚实，不易折断，断面黄白色或灰黄色，散有黄棕色的油室，形成层环呈波状。浓烈香气，味苦、辛，稍有麻舌感，微回甜。

野外识别：多年生草本。茎直立，圆柱形，具纵条纹，上部多分枝，下部茎节膨大呈盘状。茎下部叶具柄,基部扩大成鞘;叶片轮廓卵状三角形;茎上部叶渐简化。复伞形花序顶生或侧生;总苞片线形;伞辐不等长,内侧粗糙;小总苞片线形,粗糙;萼齿不发育;花瓣白色,倒卵形至心形,先端具内折小尖头;花柱基圆锥状,花柱 2,向下反曲。幼果两侧扁压。花期 7～8 月,幼果期 9～10 月。

生　　境: 各地均有栽培。

濒危等级: 无危(LC)。

性味与归经: 辛,温。归肝、胆、心包经。

功　　效: 用于活血行气,祛风止痛。

采收和储藏: 夏季当茎上的节盘略带紫色时采挖,晒干。

混　伪　品: 藁本 *Ligusticum sinense*。

掌叶大黄

科名: Polygonaceae	药名: 大黄
种名: *Rheum palmatum* L.	别名: 掌叶蓼

药用部位: 根茎。

植物特征:

干燥成品识别: 大黄干燥成品呈类圆柱形、圆锥形、卵圆形或不规则块状。除尽外皮者表面黄棕色至红棕色,多具绳孔及粗皱纹。质坚实,断面淡红棕色或黄棕色,显颗粒性;根茎髓部宽广,有星点环列或散在;根木部发达,具放射状纹理,形成层环明显,无星点。气清香,味苦而微涩,嚼之黏牙,有沙粒感。

野外识别: 高大粗壮草本,根及根状茎粗壮木质。茎直立中空,叶片长宽近相等,基部近心形,掌状 5 裂,每一大裂片又分为近羽状的窄三角形小裂片,叶上面粗糙到具乳突状毛,下面及边缘密被短毛;叶柄粗壮,圆柱状,密被锈乳突状毛;托叶鞘大,内面光滑,外表粗糙。大型圆锥花序,密被粗糙短毛;花小,常为紫红色;花被片 6,外轮 3 片较窄小,内轮 3 片较大,宽椭圆形;雄蕊 9,不外露;花盘薄,与花丝基部粘连。果实矩圆形,两端均下凹。种子宽卵形,棕黑色。花期 6 月,果期 8 月。

生　　境：生于海拔 1 500～4 400 米山坡或山谷湿地。

濒危等级：无危(LC)。

性味与归经：苦，寒。归脾、胃、大肠、肝、心包经。

功　　效：用于清热泻火，凉血解毒。

采收和储藏：秋末茎叶枯萎至次春发芽前采挖，刮去外皮，干燥。

混 伪 品：无。

丹参

科名：Labiatae	**药名：**丹参
种名：*Salvia miltiorrhiza* Bunge	**别名：**紫丹参

药用部位：根茎。

植物特征：

干燥成品识别：丹参根茎短粗，根数条，长圆柱形，略弯曲。表面棕红色或暗棕红色，粗糙，具纵皱纹。老根外皮疏松，多显紫棕色，常呈鳞片状剥落。质硬而脆，断面疏松，皮部棕红色，木部灰黄色或紫褐色，导管束黄白色，呈放射状排列。气微，味微苦涩。

野外识别：多年生直立草本；根肥厚，肉质，外面朱红色，内面白色，疏生支根。茎直立，四棱形。叶常为奇数羽状复叶，边缘具圆齿，草质，两面被疏柔毛。轮伞花序；苞片披针形，先端渐尖，基部楔形，全缘，上面无毛，下面略被疏柔毛；花序轴密被长柔毛。花萼钟形，带紫色，二唇形，上唇全缘，三角形，下唇与上唇近等长，深裂成 2 齿，齿三角形，先端渐尖。花冠紫蓝色，外被具腺短柔毛，尤以上唇为密，上唇镰刀状，向上竖立，下唇 3 裂。小坚果黑色，椭圆形。花期 4～8 月，花后见果。

生　　境：生于海拔 120～1 300 米的山坡、林下草丛或溪谷旁。

濒 危 等 级：无危(LC)。

性味与归经：苦，微寒。归心、肝经。

功　　效：用于清心除烦，通经止痛，活血祛瘀。

采收和储藏：春、秋二季采挖，除去泥沙，干燥。

混 伪 品：南丹参 *Salvia bowleyana*。

当归

科名：Umbelliferae	药名：当归
种名：*Angelica sinensis* (Oliv.) Diels	别名：云归

药 用 部 位：根。

植 物 特 征：

干燥成品识别：当归干燥根略呈圆柱形，表面黄棕色，具纵皱纹和横长皮孔样突起。根头具环纹；主根表面凹凸不平、支根上粗下细，多扭曲，有少数须根痕。质柔韧，断面淡黄棕色，皮部厚，有裂隙和多数棕色点状分泌腔，形成层环黄棕色。有浓郁的香气，味甘、辛、微苦。

野外识别：多年生草本。根圆柱状，分枝，有多数肉质须根，黄棕色，有浓郁香气。茎直立，有纵深沟纹，光滑无毛。叶三出式二至三回羽状分裂，基部膨大成管状的薄膜质鞘，基生叶及茎下部叶轮廓为卵形，边缘有缺刻状锯齿，齿端有尖头；叶下表面及边缘被稀疏的乳头状白色细毛；茎上部叶简化成囊状的鞘和羽状分裂的叶片。复伞形花序，密被细柔毛；花白色，花柄密被细柔毛；萼齿5，卵形；花瓣长卵形，顶端狭尖，内折；花柱短，花柱基圆锥形。果实椭圆至卵形，背棱线形，隆起，侧棱成宽而薄的翅，与果体等宽或略宽，翅边缘淡紫色，棱槽内有油管1，合生面油管2。花期6～7月，果期7～9月。

生　　境：栽培。

濒 危 等 级：无危(LC)。

性味与归经：甘、辛，温。归肝、心、脾经。

功　　效：用于补血活血，调经止痛，润肠通便。

采收和储藏：秋末采挖，用烟火慢慢熏干。

混 伪 品：无。

重齿当归

科名：Umbelliferae	药名：独活
种名：*Angelica biserrata* (Shan et Yuan) Yuan et Shan	别名：独活、毛当归

药用部位：根。

植物特征：

干燥成品识别：独活干燥根略呈圆柱形，根头部膨大，圆锥状，多横皱纹，顶端有茎、叶的残基。表面灰褐色，具纵皱纹，有横长皮孔样突起及稍突起的细根痕。质较硬，受潮则变软，断面皮部灰白色，有多数散在的棕色油室，木部灰黄色至黄棕色，形成层环棕色。有特异香气，味苦、辛、微麻舌。

野外识别：多年生高大草本。根类圆柱形，棕褐色，有特殊香气。茎中空，常带紫色，光滑或稍有浅纵沟纹，上部有短糙毛。叶二回三出式羽状全裂，宽卵形；茎生叶，顶端渐尖，基部楔形，边缘有不整齐的尖锯齿，两面沿叶脉及边缘有短柔毛。复伞形花序顶生和侧生，密被短糙毛；总苞片1，长钻形，有缘毛；花白色，花瓣倒卵形；果实椭圆形。花期8～9月，果期9～10月。

生　　境：生长于阴湿山坡、林下草丛或稀疏灌丛中。

濒危等级：无危(LC)。

性味与归经：辛、苦，微温。归肾、膀胱经。

功　　效：用于祛风除湿，通痹止痛。

采收和储藏：春初发芽或秋末枯萎时采挖，烘干。

混 伪 品：无。

党参

科名: Campanulaceae　　**药名**: 党参
种名: *Codonopsis pilosula* (Franch.) Nannf.　　**别名**: 黄参、白党

药用部位: 根。

植物特征:

干燥成品识别: 党参干燥根呈长圆柱形，稍弯曲。表面黄棕色，根头部有多数疣状突起的茎痕及芽；根头下有致密的环状横纹；全体有纵皱纹和散在的横长皮孔样突起，支根断落处常有黑褐色胶状物。质稍硬或略带韧性，断面稍平坦，有裂隙或放射状纹理，皮部淡黄白色至淡棕色，木部淡黄色。有特殊香气，味微甜。

野外识别: 多年生草本。茎基具多数瘤状茎痕，根常肥大呈纺锤状，表面灰黄色，上端有细密环纹，下部疏生横长皮孔，肉质。茎缠绕，有多数分枝，具叶，无毛。叶片卵形，边缘具波状钝锯齿，上面绿色，下面灰绿色，两面疏或密地被贴伏的长硬毛或柔毛。花单生于枝端，有梗。花冠上位，阔钟状，黄绿色，内面有明显紫斑，浅裂，裂片正三角形，端尖，全缘；柱头有白色刺毛。蒴果下部半球状，上部短圆锥状。种子多数，卵形、细小、棕黄色。花果期 7～10 月。

生　　境: 生于海拔 1 560～3 100 米的山地林边及灌丛中，现有大量栽培。

濒危等级: 无危(LC)。

性味与归经: 甘，平。归脾、肺经。

功　　效: 用于健脾益肺，养血生津。

采收和储藏: 秋季采挖，晒干。

混 伪 品: 羊乳 *Codonopsis lanceolata*。

枸杞

科名：Solanaceae	药名：地骨皮
种名：*Lycium chinense* Mill.	别名：红果

药用部位： 根皮。

植物特征：

干燥成品识别： 地骨皮呈筒状。外表面灰黄色，粗糙，有不规则纵裂纹，易成鳞片状剥落。内表面黄白色，较平坦，有细纵纹。体轻，质脆，易折断，断面不平坦，外层黄棕色，内层灰白色。气微，味微甘而后苦。

野外识别： 多年生分枝灌木。枝条细弱，淡灰色，有纵条纹，生叶和花的棘刺较长，小枝顶端锐尖成棘刺状。叶纸质。花在长枝上单生或双生于叶腋，在短枝同叶簇生；花萼钟状；花冠漏斗状，淡紫色，5 深裂，有缘毛；雄蕊 5 枚，花丝基部密生绒毛；柱头绿色。浆果红色。种子扁肾脏形，黄色。花果期 6～11 月。

生　　境： 生于山坡、荒地、丘陵地、盐碱地、路旁及村边宅旁。

濒危等级： 无危(LC)。

性味与归经： 甘，寒。归肺、肝、肾经。

功　　效： 用于清肺降火。

采收和储藏： 秋后或春初采挖根部，剥取根皮，晒干。

混 伪 品： 无。

甘草

科名：Papilionaceae	药名：甘草
种名：*Glycyrrhiza uralensis* Fisch.	别名：国老

药用部位： 根茎。

植物特征：

干燥成品识别：甘草干燥根呈圆柱形。外皮松紧不一，表面红棕色，具显著的纵皱纹、沟纹、皮孔及稀疏的细根痕。质坚实，断面略显纤维性，黄白色，粉性，形成层环明显，射线放射状。根茎呈圆柱形，表面有芽痕，断面中部有髓。气微，味甜而特殊。

野外识别：多年生草本。根与根状茎粗壮，外皮褐色，里面淡黄色，具甜味。茎直立，多分枝，密被鳞片状腺点、刺毛状腺体及绒毛。托叶三角状披针形，两面密被白色短柔毛；叶柄和小叶密被褐色腺点和短柔毛。总状花序腋生；苞片长圆状披针形，褐色，膜质；花萼钟状，与苞片密被黄色腺点及短柔毛；萼齿5；花冠紫色、白色或黄色；子房密被刺毛状腺体。荚果弯曲呈镰刀状或呈环状，密集成球，密生瘤状突起和刺毛状腺体。种子暗绿色，圆形或肾形。花期6～8月，果期7～10月。

生　　境：常生于干旱沙地、河岸砂质地、山坡草地及盐渍化土壤中。

濒危等级：无危(LC)。

性味与归经：甘，平。归心、肺、脾、胃经。

功　　效：用于清热解毒，祛痰止咳。

采收和储藏：春、秋二季采挖，晒干。

混 伪 品：无。

秤星树

科名：Aquifoliaceae	**药名：**岗梅根
种名：*Ilex asprella* (Hook. et Arn.) Champ. ex Benth.	**别名：**岗梅

药用部位：根。

植物特征：

干燥成品识别：岗梅干燥根近圆形。外皮浅棕褐色，稍粗糙，有细纵皱纹及皮孔。外皮薄，不易剥落，剥去外皮可见较密的点状或突起。质坚硬，不易折断，断面有微细的放射状纹理。气微，微苦而后甜。

野外识别：落叶灌木。长枝纤细，栗褐色，无毛，具淡色皮孔，短枝多皱，具宿存的鳞片和叶

痕。叶膜质，在长枝上互生，在缩短枝上簇生枝顶，卵形，边缘具锯齿，叶面绿色，被微柔毛，背面淡绿色，无毛，主脉在叶面下凹，在背面隆起。花萼盘状，无毛，啮蚀状具缘毛；花冠白色，辐状，近圆形；花冠辐状，花瓣近圆形。果球形，熟时变黑色，花萼具缘毛，顶端具头状宿存柱头，花柱略明显。分核倒卵状椭圆形，内果皮石质。花期3月，果期4～10月。

生　　境： 生于海拔400～1 000米的山地疏林或路旁灌丛中。

濒危等级： 无危(LC)。

性味与归经： 苦、微甘，凉。(无)归经。

功　　效： 用于清热解毒，生津，利咽，散瘀止痛。

采收和储藏： 全年均可采挖，晒干。

混 伪 品： 毛冬青 *Ilex pubescens*。

高良姜

科名： Zingiberaceae	**药名：** 高良姜
种名： *Alpinia officinarum* Hance	**别名：** 小良姜

药用部位： 根茎。

植物特征：

干燥成品识别： 高良姜干燥根茎呈圆柱形，多弯曲，有分枝。表面棕红色，有细密的纵皱纹和灰棕色的波状环节，一面有圆形的根痕。质坚韧，不易折断，断面灰棕色，纤维性。气香，味辛辣。

野外识别： 多年生草本。根茎圆柱形。叶片线形，顶端尾尖，两面均无毛，无柄；叶舌薄膜质，披针形。总状花序顶生，直立，花序轴被绒毛；花萼顶端3齿裂，被小柔毛；花冠管较萼管稍短，裂片长圆形，后方的一枚兜状；唇瓣卵形，白色且有红色条纹；子房密被绒毛。蒴果球形，熟时红色。花期4～9月，果期5～11月。

生　　境： 野生于荒坡灌丛或疏林中。

濒危等级: 无危(LC)。

性味与归经: 辛,热。归脾、胃经。

功　　效: 用于温胃止呕,散寒止痛。

采收和储藏: 夏末秋初采挖,晒干。

混　伪　品: 山姜 *Alpinia japonica*、益智 *Alpinia oxyphylla*、红豆蔻 *Alpinia galanga*。

葛

科名: Papilionaceae	药名: 葛根
种名: *Pueraria lobata* (Willd.) Ohwi	别名: 粉葛、葛根、葛麻藤

药用部位: 块根。

植物特征:

干燥成品识别: 葛根干燥外皮淡棕色,有纵皱纹,粗糙;切面黄白色,纹理不明显。质韧,纤维性强。气微,味微甜。

野外识别: 多年生藤本。具块根,茎被稀疏的棕色长硬毛。羽状复叶具3小叶;托叶背着箭头形,具条纹及长缘毛;小托叶披针形;顶生小叶卵形,3裂,两面被短柔毛;小叶柄及总叶柄均密被长硬毛。总状花序腋生;花3朵生于花序轴的每节上;苞片卵形;小苞片每花2枚;花紫色或粉红;花萼钟状,萼裂片4,披针形;旗瓣近圆形;雄蕊单体;子房被短硬毛。荚果带形,被极稀疏的黄色长硬毛;种子卵形扁平,红棕色。花期9月,果期10月。

生　　境: 生于山地疏林或密林中。

濒危等级: 无危(LC)。

性味与归经: 甘、辛,凉。归脾、胃、肺经。

功　　效: 用于解肌退热,生津止渴,透疹,升阳止泻,通经活络。

采收和储藏: 秋、冬二季采挖,干燥。

混　伪　品: 木薯 *Manihot esculenta*、食用葛 *Pueraria edulis*。

贯众

科名：Dryopteridaceae　　药名：贯众
种名：*Cyrtomium fortunei* J. Sm.　　别名：凤尾草、昏头鸡、神箭根、小晕头鸡

药用部位： 根茎。

植物特征：

干燥成品识别： 贯众干燥根茎稍弯曲，表面棕褐色至棕黑色。叶柄残基近扁圆形，表面棕黑色，切断面有马蹄形筋脉纹（维管束），常与皮部分开。质硬，不易折断。气微，味甘、微涩。

野外识别： 根茎直立，密被棕色鳞片。叶簇生，禾秆色，腹面有浅纵沟，密生棕色鳞片，鳞片边缘有齿；叶片矩圆披针形，奇数一回羽状；侧生羽片互生，披针形；具羽状脉，腹面不明显，背面微凸起。叶为纸质，两面光滑；叶轴腹面有浅纵沟，疏生披针形及线形棕色鳞片。孢子囊群遍布羽片背面；囊群盖圆形，盾状，全缘。

生　　境： 生于海拔 2 400 米以下空旷地石灰岩缝或林下。

濒危等级： 无危（LC）。

性味与归经： 苦、寒，有小毒。归肺、胃、肝经。

功　　效： 用于清热解毒，止血，杀虫。

采收和储藏： 春、秋季二季采挖，晒干。

混 伪 品： 大叶贯众 *Cyrtomium macrophyllum*。

何首乌

科名：Polygonaceae　　药名：何首乌、首乌藤、制何首乌
种名：*Fallopia multiflora*（Thunb.）Harald.　　别名：夜交藤

药用部位： 块根。

植物特征：

干燥成品识别：何首乌干燥块根呈团块状或不规则纺锤形。表面红褐色，皱缩不平，有浅沟，并有横长皮孔样突起和细根痕。体重，质坚实，不易折断，断面浅黄棕色或浅红棕色，显粉性，皮部有类圆形异型维管束环列，形成云锦状花纹，中央木部较大，有的呈木心。气微，味微苦而甘涩。

野外识别：多年生草本。块根肥厚，长椭圆形，黑褐色。茎缠绕，具纵棱，无毛，微粗糙。叶卵形，顶端渐尖，基部心形，两面粗糙，边缘全缘；托叶鞘膜质，偏斜，无毛。花序圆锥状，具细纵棱，沿棱密被小突起；苞片三角状卵形，具小突起；花梗细弱；花被5深裂，花被片椭圆形，大小不等，外面3片较大背部具翅，果时增大，花被果时外形近圆形；雄蕊8；花柱3，极短。瘦果卵形，具3棱，黑褐色，有光泽，包于宿存花被内。花期8～9月，果期9～10月。

生　　境：生于海拔200～3 000米的山谷灌丛、山坡林下或沟边石隙，野生分布极广。

濒危等级：无危(LC)。

性味与归经：苦、甘、涩，微温。归肝、心、肾经。

功　　效：用于消痈截疟，润肠通便。

采收和储藏：秋、冬二季叶枯萎时采挖，切块，干燥。

混 伪 品：牛皮消 *Cynanchum auriculatum*、金线吊乌龟 *Stephania cepharantha*。

虎杖

科名：Polygonaceae　　**药名：**虎杖

种名：*Reynoutria japonica* Houtt.　　**别名：**阴阳莲、酸筒杆

药用部位：根茎。

植物特征：

干燥成品识别：虎杖干燥根茎多为圆柱形短段或不规则厚片。外皮棕褐色，有纵皱纹和须根痕，切面棕黄色，呈射线放射状，皮部与木部较易分离。根茎髓中有隔或呈空洞状。质坚硬。气微，味微苦、涩。

野外识别：多年生草本。根状茎粗壮，横走。茎直立，粗壮，空心，具明显的纵棱，具小突起，

无毛，散生紫红斑点。叶宽卵形，近革质，边缘全缘，疏生小突起，两面无毛，沿叶脉具小突起；叶柄具小突起；花单性，雌雄异株，花序圆锥状，腋生；苞片漏斗状，无缘毛；花被5深裂，淡绿色，雄花花被片具绿色中脉，无翅，雄蕊8，比花被长；雌花花被片外面3片背部具翅，花柱3，柱头流苏状。瘦果卵形，具3棱，黑褐色，有光泽，包于宿存花被内。花期8～9月，果期9～10月。

生　　境： 生于海拔140～2 000米山坡灌丛、山谷、路旁、田边湿地。

濒危等级： 无危(LC)。

性味与归经： 微苦，微寒。归肝、胆、肺经。

功　　效： 用于利湿退黄，散瘀止痛。

采收和储藏： 春、秋二季采挖，切片，晒干。

混 伪 品： 长叶地榆 *Sanguisorba officinalis* var. *longifolia*、地榆 *Sanguisorba officinalis* var. *officinalis*。

薯蓣

科名：Dioscoreaceae	药名：山药
种名：*Dioscorea opposite* Thunb.	别名：淮山、山薯

药用部位： 根茎。

植物特征：

干燥成品识别： 薯蓣干燥根茎呈圆柱形，弯曲而稍扁。表面黄白色，有纵沟、纵皱纹及须根痕，偶有浅棕色外皮残留。体重，质坚实，不易折断，断面白色，粉性。气微，味淡、微酸，嚼之发黏。

野外识别： 缠绕草质藤本。块茎长圆柱形，垂直生长，断面干时白色。茎通常带紫红色，右旋，无毛。单叶；叶片形态变异大；叶腋内常有珠芽。雌雄异株。雄花序为穗状花序，近直立；花序轴明显地呈“之”字状曲折；苞片和花被片有紫褐色斑点;雄蕊6。雌花序为穗状花序。蒴果不反折,三棱状扁圆形,外面有白粉;种子四周有膜质翅。花期6~9月,果期7~11月。

生　　境: 生于山坡、山谷林下,溪边、路旁的灌丛中或杂草中。

濒危等级: 无危(LC)。

性味与归经: 甘,平。归脾、脯、肾经。

功　　效: 用于补脾养胃,生津益肺,补肾涩精。

采收和储藏: 冬季茎叶枯萎后采挖,趁鲜切厚片,干燥。

混 伪 品: 木薯 *Manihot esculenta*、绵萆薢 *Dioscorea septemloba*、甘薯 *Dioscorea esculenta*。

多花黄精

科名: Liliaceae	**药名:** 黄精
种名: *Polygonatum cyrtonema* Hua	**别名:** 甜黄精、长叶黄精

药用部位: 根茎。

植物特征:

干燥成品识别: 多花黄精的干燥根茎呈长条结节块状,长短不等,常数个块状结节相连。表面黄褐色,粗糙,结节上侧有突出的圆盘状茎痕。

野外识别: 根状茎肥厚,常连珠状或结节成块。地上茎圆柱形,中空,不分枝。叶互生,先端尖,两面光滑无毛,无叶柄。花腋生;苞片微小;花被黄绿色;花丝两侧扁,具乳头状突起至具短绵毛,顶端稍膨大乃至具囊状突起。浆果黑色。花期5~6月,果期8~10月。

生　　境: 生于海拔500~2 100米的林下、灌丛或山坡阴处。

濒危等级: 近危(NT)。

性味与归经: 甘,平。归脾、肺、肾经。

功　　效: 用于补气养阴,益肾,健脾润肺。

采收和储藏: 春、秋二季采挖,蒸熟,干燥。

混 伪 品: 白及 *Bletilla striata*、菊芋 *Helianthus tuberosus*、长梗黄精 *Polygonatum filipes*、玉竹 *Polygonatum odoratum*。

黄连

科名：Ranuculaceae	药名：黄连
种名：*Coptis chinensis* Franch.	别名：鸡爪黄连、短萼黄连

药用部位：根茎。

植物特征：

干燥成品识别：黄连干燥根茎形如鸡爪，常弯曲。表面黄褐色，粗糙，有不规则结节状隆起和须根。质硬，断面不整齐，皮部暗红色，木部橙黄色，呈放射状排列，髓部有的中空。气微，味极苦。

野外识别：根状茎黄色，常分枝，密生多数须根。叶有长柄；叶片稍带革质，卵状三角形，三全裂，顶端急尖，边缘生具细刺尖的锐锯齿，斜卵形，两面的叶脉隆起；苞片披针形；萼片黄绿色，长椭圆状卵形；花瓣线形，顶端渐尖，中央有蜜槽；蓇葖果；种子长椭圆形，褐色。花期2～3月，果期4～6月。

生　　境：生于海拔500～2 000米间的山地林中或山谷阴处。

濒危等级：易危(VU)。

性味与归经：苦，寒。归心、脾、胃、肝、胆、大肠经。

功　　效：用于清热燥温，解毒。

采收和储藏：秋季采挖，干燥。

混 伪 品：短萼黄连 *Coptis chinensis* var. *brevisepala*、山萆薢 *Dioscorea tokoro*、三枝九叶草 *Epimediumsagittatum*。

姜

科名：Zingiberaceae	药名：干姜
种名：*Zingiber officinale* Rosc.	别名：生姜、辣姜

药用部位：根茎。

植物特征：

干燥成品识别：干姜呈具指状分枝；干姜片呈不规则纵切片；表面灰黄色，粗糙，具纵皱纹和

明显的环节；质坚实，断面黄白色，内皮层环纹明显，维管束及黄色油点散在。气香、特异，味辛辣。

野外识别：多年生草本。根茎肥厚，多分枝，有芳香及辛辣味。叶片狭长，披针形，无毛，无柄；叶舌膜质。花葶单独自根茎抽出；总花梗长直立；穗状花序球果状；苞片卵形，顶端有小尖头；花冠黄绿色，裂片披针形；唇瓣中央裂片长圆状倒卵形，短于花冠裂片，有紫色条纹及淡黄色斑点；雄蕊暗紫色；药隔附属体钻状。花果期秋季。

生　　境：广泛栽培。

濒危等级：无危(LC)。

性味与归经：辛，热。归脾、胃、肾、心、肺经。

功　　效：用于温中散寒。

采收和储藏：冬季采挖，切片，晒干。

混　伪　品：无。

半夏

科名：Araceae	**药名：**半夏
种名：*Pinellia ternata* (Thunb.) Breit	**别名：**地鹧鸪

药用部位：块茎。

植物特征：

干燥成品识别：半夏干燥块茎呈类球形。表面浅黄色，顶端有凹陷的茎痕，周围密布麻点状根痕；下面钝圆，较光滑。质坚实，断面洁白，富粉性。气微，味辛辣、麻舌而刺喉。

野外识别：多年生草本。块茎圆球形，具须根。叶基出。叶柄基部具鞘，鞘内、鞘部以上或叶片基部有珠芽；幼苗为全缘单叶，卵状心形至戟形；老株叶片3全裂，裂片绿色，背淡，椭圆形或披针形，两头锐尖。花序柄长于叶柄。佛焰苞绿色；檐部长圆形；肉穗花序；浆果卵圆形，黄绿色，先端渐狭为明显的花柱。花期5～7

月,果 8 月成熟。

生　　境: 生于海拔 2 500 米以下的草坡、荒地、玉米地、田边或疏林下。

濒危等级: 无危(LC)。

性味与归经: 辛、温;有毒。归脾、胃、肺经。

功　　效: 用于除湿化痰,降逆止呕,消痞散结。

采收和储藏: 夏、秋二季采挖,晒干。

混 伪 品: 滴水珠 *Pinellia cordata*、虎掌 *Pinellia pedatisecta*、湖南半夏 *Pinellia hunanensis*、云南岩芋 *Remusatia yunnanensis*、犁头尖 *Typhonium divaricatum*、福建半夏 *Pinellia fujianensis*。

金荞麦

科名: Polygonaceae	药名: 金荞麦
种名: *Fagopyrum dibotrys* (D. Don) Hara	别名: 甜荞、野荞麦

药用部位: 根茎。

植物特征:

干燥成品识别: 金荞麦干燥根茎呈不规则团块,常有瘤状分枝。表面棕褐色,有横向环节和纵皱纹,密布点状皮孔,并有凹陷的圆形根痕和残存须根。质坚硬,不易折断,断面淡黄白色或淡棕红色,有放射状纹理,中央髓部色较深。气微,味微涩。

野外识别: 多年生草本。根状茎木质化,黑褐色。茎直立,分枝,具纵棱,无毛。叶三角形,边缘全缘;托叶鞘筒状,膜质,褐色,偏斜,无缘毛。花序伞房状;苞片卵状披针形,边缘膜质;花被 5 深裂,白色,花被片长椭圆形,雄蕊 8,比花被短,花柱 3。瘦果宽卵形,具 3 锐棱,黑褐色,无光泽,超出宿存花被 2～3 倍。花期 7～9 月,果期 8～10 月。

生　　境: 生于海拔 250～3 200 米的山谷湿地、山坡灌丛。

濒危等级：无危(LC)。

性味与归经：微辛、涩，凉。归肺经。

功　　效：用于清热解毒，排脓祛瘀，肺热喘咳。

采收和储藏：冬季采挖，晒干。

混 伪 品：苦荞麦 *Fagopyrum tataricum*。

桔梗

科名：Campanulaceae	药名：桔梗
种名：*Platycodon grandiflorus* (Jacq.) A. DC.	别名：蓝花兜、铃当花

药用部位：根。

植物特征：

干燥成品识别：桔梗干燥根略扭曲。表面淡黄白色，不去外皮者表面黄棕色，具纵扭皱沟，并有横长的皮孔样斑痕及支根痕，上部有横纹。质脆，断面不平坦，形成层环棕色，皮部类白色，有裂隙，木部淡黄白色。气微，味微甜后苦。

野外识别：叶片上面无毛而绿色，下面常无毛而有白粉，边缘具细锯齿。花单朵顶生，或数朵集成假总状花序，或有花序分枝而集成圆锥花序；花萼筒部圆球状倒锥形，被白粉，裂片三角形；花冠大，蓝色或紫色。蒴果球状或球状倒圆锥形。花期7～9月。

生　　境：生于海拔2 000米以下的阳处草丛、灌丛中。

濒危等级：无危(LC)。

性味与归经：苦、辛，平。归肺经。

功　　效：用于清肺利咽，祛痰排脓。

采收和储藏：春、秋二季采挖，干燥。

混 伪 品：轮叶沙参 *Adenophora tetraphylla*。

栝楼

科名: Cucurbitaceae　　**药名:** 瓜蒌、天花粉

种名: *Trichosanthes kirilowii* Maxim.　　**别名:** 小栝楼

药用部位: 根。

植物特征:

干燥成品识别: 瓜蒌干燥根呈不规则圆柱形、纺锤形或瓣块状。表面黄白色,有纵皱纹、细根痕及略凹陷的横长皮孔。质坚实,断面白色或淡黄色,富粉性,横切面可见黄色木质部,略呈放射状排列,纵切面可见黄色条纹状本质部。气微,味微苦。

野外识别: 多年生攀援藤本。块根圆柱状,粗大肥厚,富含淀粉,淡黄褐色。茎较粗,多分枝,具纵棱及槽,被白色伸展柔毛。叶片纸质,轮廓近圆形,两面沿脉被长柔毛状硬毛,基出掌状脉 5 条,细脉网状;叶柄和卷须均被长柔毛。花雌雄异株。总状花序;花萼筒状;花冠白色,两侧具丝状流苏,被柔毛;子房椭圆形,绿色,柱头 3。果梗粗壮;果实椭圆形,成熟时黄褐色;种子卵状椭圆形,压扁,淡黄褐色,近边缘处具棱线。花期 5～8 月,果期 8～10 月。

生　　境: 生于海拔 200～1 800 米的山坡林下、灌丛中、草地和村旁田边。

濒危等级: 无危(LC)。

性味与归经: 甘、微苦,寒。归肺、胃、大肠经。

功　　效: 用于润肺,止咳,滑肠。

采收和储藏: 秋、冬二季采挖,洗净,除去外皮,切段或纵剖成瓣,干燥。

混 伪 品: 无。

龙胆

科名：Gentianaceae	药名：龙胆
种名：*Gentiana scabra* Bunge	别名：草龙胆、地胆草

药用部位：根茎。

植物特征：

干燥成品识别：龙胆干燥根茎呈不规则的块状；表面暗灰棕色，上端有茎痕，周围或下端着生多数细长的根。根圆柱形，略扭曲。质脆，易折断，断面略平坦，皮部黄白色，木部色较浅，呈点状环列，气微，味甚苦。

野外识别：多年生草本。根茎具多数粗壮、略肉质的须根。花枝单生，直立，中空，近圆形，具条棱，棱上具乳突，稀光滑。枝下部叶膜质，淡紫红色，鳞片形；中、上部叶近革质，无柄，边缘微外卷，粗糙，上面密生极细乳突，下面光滑，叶脉在上面不明显，在下面突起，粗糙。花多数，簇生枝顶和叶腋；无花梗；每朵花下具2个苞片；花萼筒形，裂片常外反或开展；花冠蓝紫色，有时喉部具多数黄绿色斑点。蒴果内藏，宽椭圆形；种子褐色，有光泽，表面具增粗的网纹，两端具宽翅。花果期5～11月。

生　　境：生于海拔400～1 700米的山坡草地、路边、河滩、灌丛中、林缘及林下、草甸。

濒危等级：无危(LC)。

性味与归经：苦，寒。归肝、胆经。

功　　效：用于清热燥湿。

采收和储藏：春、秋二季采挖，晒干。

混 伪 品：麦冬 *Ophiopogon japonicus*。

芦苇

科名：Poaceae	药名：芦根
种名：*Phragmites australis* (Cav.) Trin. ex Steud.	别名：芦柴根

药用部位：根茎。

植物特征：

干燥成品识别：干燥芦根根茎呈扁圆柱形。表面黄白色，有光泽，外皮疏松可剥离，节处较硬，节间有纵皱纹。体轻，质韧，不易折断。切断面黄白色，中空，有小孔排列成环。气微，味甘。

野外识别：多年生，根状茎十分发达。秆直立，具 20 多节，节下被腊粉。叶片披针状线形，无毛。圆锥花序大型，分枝多数，着生稠密下垂的小穗；颖具 3 脉；雄蕊 3，黄色。

生　　境：生于江河湖泽、池塘沟渠沿岸和低湿地。

濒危等级：无危（LC）。

性味与归经：甘，寒。归肺、胃经。

功　　效：用于清热泻火，生津止渴，除烦，止呕，利尿。

采收和储藏：全年均可采挖，除去芽、须根，鲜用或晒干。

混 伪 品：菰 *Zizania latifolia*、芦竹 *Arundo donax*。

毛冬青

科名：Aquifoliaceae	药名：毛冬青
种名：*Ilex pubescens* Hook. et Arn.	别名：火烙木

药用部位：根。

植物特征：

干燥成品识别：毛冬青干燥根呈块片状，大小不等，外皮呈灰褐色，稍粗糙，有细皱纹和横向皮孔。切面皮部薄，老根稍厚，木部黄白色，有致密的纹理。质坚实，不易折断。气微，味苦、涩而后甘。

野外识别：常绿灌木或小乔木。小枝纤细，近四棱形，灰褐色，密被长硬毛，具纵棱脊，无皮孔，具稍隆起、近新月形叶痕；叶片纸质或膜质，椭圆形，两面被长硬毛，无光泽；叶柄密被长硬毛。雄花序，聚伞花序，粉红色，花萼盘状，被长柔毛，花冠辐状，基部稍合生；雌花序簇生，被长硬毛，稀具 3 花，花萼盘状，被长硬毛，急尖，花冠辐状。子房卵球形，无毛，花柱明显。果球形，成熟后红色，干时具纵棱沟，密被长硬毛。内果皮革质或近木质。花期 4～5 月，果期 8～11 月。

生　　境：生于海拔 60～1 000 米的山坡常绿阔叶林中或林缘、灌木丛中及溪旁、路边。

濒危等级：无危(LC)。

性　　味：苦、涩、寒。归心肺经。

功　　效：用于凉血活血，消炎解毒。

采收和储藏：全年均可采挖，切块，晒干。

混 伪 品：冬青 *Ilexchinensis*。

白茅

科名：Poaceae	药名：茅根
种名：*Imperata cylindrica*（L.）Beauv.	别名：茅草、白茅草、白茅根

药用部位：根茎。

植物特征：

干燥成品识别：茅根干燥根茎呈长圆柱形。表面黄白色，微有光泽，具纵皱纹，节明显，稍突起，节间长短不等。体轻，质略脆，断面皮部白色，多有裂隙，放射状排列，中柱淡黄色，易与皮部剥离。气微，味微甜。

野外识别：多年生，具粗壮的长根状茎。秆直立，无毛。叶鞘聚集于秆基，质地较厚；叶舌膜质，扁平；秆生叶片窄线形，被有白粉。圆锥花序稠密；两颖草质及边缘膜质，常具纤毛，脉间疏生长丝状毛，第一外稃卵状披针形，无脉；第二外稃卵圆形，顶端具齿裂及纤毛；雄蕊 2 枚；花柱细长，柱头 2，紫黑色。颖果椭圆形。花果期 4～6 月。

生　　境：生于低山带平原河岸草地、砂质草甸、荒漠与海滨。

濒危等级：无危(LC)。

性味与归经：甘，寒。归肺、胃、膀胱经。

功　　效： 用于清热利尿。

采收和储藏： 春、秋二季采挖，晒干，除去须根和膜质叶鞘，捆成小把。

混 伪 品： 无。

牡丹

科名： Paeoniaceae　　**药名：** 牡丹皮

种名： *Paeonia suffruticosa* Andr.　　**别名：** 红丹皮

药用部位： 根皮。

植物特征：

干燥成品识别： 牡丹皮呈筒状或半筒状，有纵剖开的裂缝，略向内卷曲或张开。外表面灰褐色，有多数横长皮孔样突起和细根痕，栓皮脱落处粉红色；内表面淡灰黄色，有明显的细纵纹，常见发亮的结晶。质硬而脆，易折断，断面较平坦，淡粉红色，粉性。气芳香，味微苦而涩。

野外识别： 落叶灌木。叶常为二回三出复叶；顶生小叶宽卵形，表面绿色，无毛，背面淡绿色，有时具白粉，沿叶脉疏生短柔毛或近无毛；侧生小叶卵形；花单生枝顶；苞片5，长椭圆形；萼片5，绿色，宽卵形；花瓣5，倒卵形，顶端呈不规则的波状；花盘革质，杯状，紫红色；心皮5，密生柔毛。蓇葖长圆形，密生黄褐色硬毛。花期5月，果期6月。

生　　境： 生于山坡林下灌丛中，全国普遍栽培。

濒危等级： 极危(CR)。

性味与归经： 苦、辛，微寒。归心、肝、肾经。

功　　效： 用于清热凉血，活血化瘀。

采收和储藏： 秋季采挖根部，剥取根皮，晒干。

混 伪 品： 白鲜 *Dictamnus dasycarpus*、硃砂根 *Ardisia crenata*、青羊参 *Cynanchum otophyllum*。

牛膝

科名：Amaranthaceae　　药名：牛膝

种名：*Achyranthes bidentata* Blume　　别名：怀牛膝、牛髁膝

药用部位：根。

植物特征：

干燥成品识别：牛膝干燥根呈细长圆柱形，挺直或稍弯曲。表面灰黄色，有微扭曲的细纵皱纹、横长皮孔样的突起。质硬脆，易折断，受潮后变软，断面平坦，淡棕色，中心维管束木质部较大，黄白色，其外周散有多数黄白色点状维管束，断续排列成 2～4 轮。气微，味微甜而稍苦涩。

野外识别：多年生草本。根圆柱形，土黄色；茎四方形，绿色或带紫色，有白色柔毛，分枝对生。叶片椭圆形，少数倒披针形，顶端尾尖；叶柄有柔毛。穗状花序；总花梗有白色柔毛；花多数，密生；苞片宽卵形，顶端长渐尖；小苞片刺状；花被片披针形，光亮；退化雄蕊顶端平圆，稍有缺刻状细锯齿。胞果矩圆形，黄褐色，光滑。种子矩圆形，黄褐色。花期 7～9 月，果期 9～10 月。

生　　境：生于海拔 200～1 750 米的山坡林下。

濒危等级：无危(LC)。

性味与归经：苦、甘、酸，平。归肝、肾经。

功　　效：用于逐瘀通经，补肝肾，强筋骨，利尿通淋，引血下行。

采收和储藏：冬季茎叶枯萎时采挖，除去须根，捆成小把，晒干。

混 伪 品：小叶牛膝 *Achyranthes ogatai*、红叶牛膝 *Achyranthes bidentata*、土牛膝 *Achyranthes aspera*、白花苋 *Aerva sanguinolenta*、狗筋蔓 *Cucubalus baccifer*。

稻

科名：Poaceae	药名：糯稻根
种名：*Oryza sativa* L.	别名：糯米

药用部位：根。

植物特征：

干燥成品识别：稻的干燥根常集结成疏松的团，上端有多数分离的残茎，茎圆柱形，中空，外包数层黄白色的叶鞘；下端簇生细长而弯曲的须根，黄白色至黄棕色，略具纵皱纹；体轻，质软。气微，味淡。

野外识别：一年生水生草本。秆直立。叶鞘松弛，无毛；叶舌披针形，具2枚镰形抱茎的叶耳；叶片线状披针形，无毛，粗糙。圆锥花序大型疏展；颖极小，仅在小穗柄先端留下半月形的痕迹，退化外稃2枚，锥刺状；两侧孕性花外稃质厚，具5脉，中脉成脊，表面有方格状小乳状突起，厚纸质，遍布细毛端毛较密，有芒或无芒；内稃与外稃同质，具3脉，先端尖而无喙；雄蕊6枚。颖果。

生　　境：中国南方广泛种植。

濒危等级：无危(LC)。

性　　味：甘、平。归肝经。

功　　效：用于固表止汗，养阴除热。

采收和储藏：秋季采挖，晒干。

混　伪　品：无。

前胡

科名：Umbelliferae	药名：前胡
种名：*Peucedanum praeruptorum* Dunn	别名：鸡脚前胡

药用部位：根。

植物特征：

干燥成品识别：前胡干燥根不规则，稍扭曲，下部常有分枝。表面黑褐色或灰黄色，根头部多有茎痕及纤维状叶鞘残基，上端有密集的细环纹，下部有纵沟、纵皱纹及横向皮孔。质较柔软，干者质硬，可折断，断面不整齐，淡黄白色，皮部散有多数棕黄色油点，形成层环纹棕色，射线放射状。气芳香，味微苦、辛。

野外识别：多年生草本。根茎粗壮，灰褐色；根圆锥形，末端细瘦，常分叉。茎圆柱形。基生叶具长柄，基部有卵状披针形叶鞘；叶片轮廓宽卵形或三角状卵形，三出式二至三回分裂。复伞形花序多数；花序梗上端多短毛；伞辐不等长，内侧有短毛；小总苞片卵状披针形，有短糙毛；花瓣卵形，小舌片内曲，白色；萼齿不显著；花柱短，弯曲，花柱基圆锥形。果实卵圆形，背部扁压，棕色，有稀疏短毛，背棱线形稍突起，侧棱呈翅状，比果体窄，稍厚。花期8～9月，果期10～11月。

生　　境：生长于海拔250～2 000米的山坡林缘、路旁或半阴性的山坡草丛中。

濒危等级：无危(LC)。

性味与归经：苦、辛，微寒。归肺经。

功　　效：用于降气化痰，散风清热。

采收和储藏：冬季至次春茎叶枯萎或未抽花茎时采挖，晒干。

混 伪 品：紫花前胡 *Angelica decursiva*。

羌活

科名：Umbelliferae　　**药名：**羌活

种名：*Notopterygium incisum* Ting ex H. T. Chang　　**别名：**大头羌

药用部位：根茎。

植物特征：

干燥成品识别：羌活干燥根茎为圆柱状，略弯曲，顶端具茎痕。表面棕褐色，外皮脱落处呈黄色。节间缩短，呈紧密隆起的环状，形似蚕；节间延长，形如竹节状。节上有多数点状或瘤状突起的根痕及棕色破碎鳞片。体轻，质脆，易折断，断面不平整，有多数裂隙，皮部黄棕色，油润，有棕色油点，木部黄白色，射线明显，髓部黄棕色。气香，味微苦而辛。

野外识别：多年生草本。根茎粗壮，伸长呈竹节状。根颈部有枯萎叶鞘。茎直立，圆柱形，中空，有纵直细条纹，带紫色。基生叶及茎下部叶有柄；叶为三出式三回羽状复叶；茎上部叶常简化，无柄，叶鞘膜质，长而抱茎。复伞形花序，侧生者常不育；总苞片线形，早落；花瓣白色；雄蕊的花丝内弯，花药黄色，椭圆形。分生果长圆状，背腹稍压扁，主棱扩展成宽约1毫米的翅，但发展不均匀；油管明显；胚乳腹面内凹成沟槽。花期7月，果期8～9月。

生　　境：生长于海拔2 000～4 000米的林缘及灌丛内。

濒危等级：近危(NT)。

性味与归经：辛、苦，温。归膀胱、肾经。

功　　效：用于解表散寒，祛风除湿，止痛。

采收和储藏：春、秋二季采挖，晒干。

混 伪 品：无。

三七

科名：Araliaceae　　**药名**：三七

种名：*Panax pseudoginseng* Wall. var. *notoginseng* (Burkill) Hoo et Tseng　　**别名**：田七

药用部位：根茎。

植物特征：

干燥成品识别：三七干燥主根呈圆锥形。表面灰褐色，有断续的纵皱纹和支根痕。顶端有茎痕，周围有瘤状突起。体重，质坚实，断面灰绿色、黄绿色或灰白色，木部微呈放射状排列。气微，味苦回甜。筋条呈圆柱形。剪口呈不规则的皱缩块状或条状，表面有数个明显的茎痕及环纹，断面中心灰绿色或白色，边缘深绿色或灰色。

野外识别：多年生草本。根状茎短，竹鞭状，横生，圆柱形肉质根；地上茎单生，有纵纹，无毛，基部有宿存鳞片。掌状复叶，4枚轮生于茎顶；叶柄有纵纹，无毛；托叶小，披针形；小叶片薄膜质，透明，两面脉上均有刚毛，托叶卵形或披针形；与叶柄顶端连接处簇生刚毛。伞形花序，花梗被微柔毛；总花梗有纵纹，无毛；花梗纤细，无毛；苞片不明显；花黄绿色；萼杯状，边缘有5个三角形的齿；花瓣5；雄蕊5；子房2室；花柱2，离生，反曲。果实未见。

生　　境：种植于海拔400～1 800米的森林下或山坡上人工荫棚下。

濒危等级：野生绝灭(EW)。

性味与归经：甘、微苦，温。归肝、胃经。

功　　效：用于散瘀止血，消肿定痛。

采收和储藏：秋季花开前采挖，干燥。

混　伪　品：高良姜 *Alpinia officinarum*、姜黄 *Curcuma longa*、莪术 *Curcuma zedoaria*、菊三七 *Gynura japonica*、费菜 *Sedum aizoon*、土田七 *Stahlianthus involucratus*、温郁金 *Curcuma aromatica*。

轮叶沙参

科名：Campanulaceae	**药名：**南沙参
种名：*Adenophora tetraphylla* (Thunb.) Fisch.	**别名：**羊婆奶

药用部位：根。

植物特征：

干燥成品识别：南沙参干燥根呈圆锥形，略弯曲。表面黄白色，凹陷处常有残留粗皮。体轻，质松泡，易折断，断面不平坦，黄白色，多裂隙。气微，味微甘。

野外识别：茎高大，不分枝。茎生叶，轮生，叶片边缘有锯齿，两面疏生短柔毛。花序狭圆锥状，花序分枝(聚伞花序)大多轮生。花萼无毛，筒部倒圆锥状，全缘；花冠筒状细钟形，口部稍缢缩，三角形；花盘细管状。蒴果球状圆锥形。种子黄棕色，矩圆状圆锥形，稍扁，有一条棱，并由棱扩展成一条白带，长1毫米。花期7～9月。

生　　境：生于阳坡草地和灌丛中。

濒危等级：无危(LC)。

性味与归经：甘，微寒。归肺、胃经。

功　　效：用于养阴清肺，益胃生津，化痰益气。

采收和储藏： 春、秋二季采挖，洗后趁鲜刮去粗皮，洗净，切片，干燥。

混　伪　品： 桔梗 *Platycodon grandiflorus*、峨参 *Anthriscus sylvestris*。

鸢尾

科名： Iridaceae	**药名：** 川射干
种名： *Iris tectorum* Maxim.	**别名：** 蝴蝶花

药用部位： 根茎。

植物特征：

干燥成品识别： 鸢尾干燥根茎呈不规则条状或圆锥形，略扁，有分枝。表面灰黄褐色，有环纹和纵沟。常有残存的须根及凹陷或圆点状突起的须根痕。质松脆，易折断，断面黄白色。气微，味甘、苦。

野外识别： 多年生草本。植株基部有老叶残留的膜质叶鞘及纤维。根状茎粗壮，二歧分枝，斜伸；须根较细而短。叶基生，黄绿色，稍弯曲，中部略宽，宽剑形，顶端渐尖，基部鞘状，有数条不明显的纵脉。花茎光滑；苞片绿色，草质，边缘膜质，色淡，顶端渐尖；花蓝紫色；花梗甚短；花被管细长，上端膨大成喇叭形，外花被裂片顶端微凹，爪部狭楔形，中脉上有不规则的鸡冠状附属物；花药鲜黄色，花丝细长，白色；花柱分枝扁平，淡蓝色。蒴果有6条明显的肋，成熟时自上而下3瓣裂；种子黑褐色，梨形，无附属物。花期4～5月，果期6～8月。

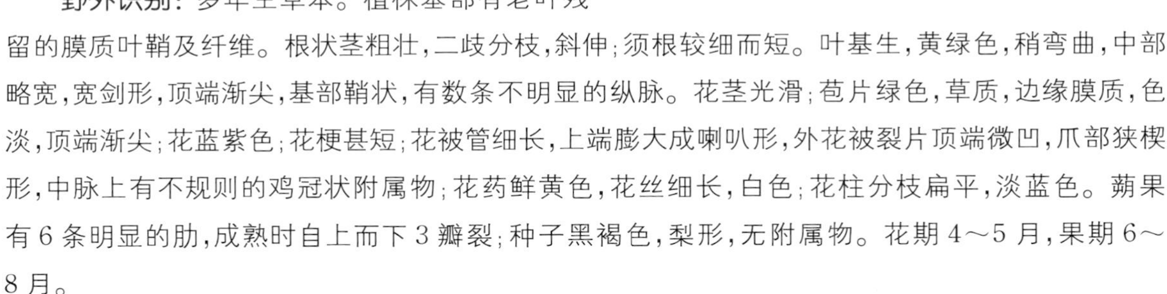

生　　境： 生于海拔2 000～2 200米的林缘或山坡草地。

濒危等级： 无危(LC)。

性味与归经： 苦，寒。归肺经。

功　　效： 用于清热解毒，消痰利咽。

采收和储藏： 全年可采挖，除去须根，洗净，干燥。

混　伪　品： 白及 *Bletilla striata*、山菅 *Dianella ensifolia*、德国鸢尾 *Iris germanica*、野鸢尾 *Iris dichotoma*。

升麻

科名： Ranunculaceae　　**药名：** 升麻

种名： *Cimicifuga foetida* L.　　**别名：** 西升麻

药用部位： 根茎。

植物特征：

干燥成品识别： 升麻干燥根茎为不规则的长形块状，多分枝，呈结节状。表面黑褐色，粗糙不平，有坚硬的细须根残留，上面有数个圆形空洞的茎基痕，洞内壁显网状沟纹；下面凹凸不平，具须根痕。体轻，质坚硬，不易折断，断面不平坦，有裂隙，纤维性，黄绿色或淡黄白色。气微，味微苦而涩。

野外识别： 根状茎粗壮，坚实，表面黑色，有许多内陷的圆洞状老茎残迹。茎微具槽，分枝，被短柔毛。叶为二至三回三出状羽状复叶；茎下部叶的叶片三角形；顶生小叶具长柄，菱形，常浅裂，边缘有锯齿，斜卵形，表面无毛，背面沿脉疏被白色柔毛。轴密被灰色或锈色的腺毛及短毛；花两性；萼片倒卵状圆形；顶端微凹或 2 浅裂，几膜质；花药黄白色。蓇葖长圆形，有伏毛，顶端有短喙；种子椭圆形，褐色，四周有鳞翅。花期 7～9 月，果期 8～10 月。

生　　境： 生海拔 1 700～2 300 米间的山地林缘、林中或路旁草丛中。

濒危等级： 无危(LC)。

性味与归经： 辛、微甘，微寒。归肺、脾、胃、大肠经。

功　　效： 用于清热解毒，发表透疹，升举阳气。

采收和储藏： 秋季采挖，除去须根，晒干。

混 伪 品： 铁破锣 *Beesia calthifolia*、落新妇 *Astilbe chinensis*。

地黄

科名：Scrophulariaceae　　药名：地黄

种名：*Rehmannia glutinosa* (Gaetn.) Libosch. ex Fisch. et Mey.　　别名：生地、山烟

药用部位：块根。

植物特征：

干燥成品识别：【鲜地黄】新鲜地黄块根肉质，外皮薄，表面浅红黄色，具弯曲的纵皱纹、芽痕。易断，断面皮部淡黄白色，可见橘红色油点，木部黄白色，导管呈放射状排列。气微，味微甜、微苦。【生地黄】干燥地黄块根多呈不规则的长圆形，中间膨大，两端稍细，稍扁而扭曲。表面棕黑色，极皱缩，具不规则的横曲纹。体重，质较软而韧，不易折断，断面棕黑色，有光泽，具黏性。气微，味微甜。

野外识别：多年生草本。密被灰白色长柔毛和腺毛。叶常在茎基部集成莲座状，向上则强烈缩小成苞片；叶片卵形至长椭圆形，上面绿色，下面略带紫色或成紫红色，边缘具不规则圆齿或钝锯齿；叶脉在上面凹陷，下面隆起。花梗细弱，弯曲而后上升，总状花序；萼片密被白色长毛；萼齿5枚；花冠筒外面紫红色，被长柔毛，5枚裂片，内面黄紫色，外面紫红色，两面均被长柔毛；雄蕊4枚。蒴果卵形至长卵形。花果期4～7月。

生　　境：生于海拔50～1 100米之砂质壤土、荒山坡、山脚、墙边、路旁等处。

濒危等级：无危(LC)。

性味与归经：【鲜地黄】甘、苦，寒。归心、肝、肾经。【生地黄】甘，寒。归心、肝、肾经。

功　　效：用于清热凉血，养阴生津。

采收和储藏：【鲜地黄】秋季采挖，除去芦头、须根，洗净，鲜用；【生地黄】秋季采挖，除去芦头、须根，洗净，将地黄缓缓烘焙至约八成干。

混 伪 品：无。

石菖蒲

科名：天南星科
种名：*Acorus tatarinowii* Schott
药名：石菖蒲
别名：石蜈蚣、臭菖、菖蒲

药用部位：根茎。

植物特征：

干燥成品识别：石菖蒲干燥根茎呈扁圆柱形，弯曲，常有分枝。表面棕褐色，粗糙，有疏密不匀的环节，具细纵纹，一面残留须根或圆点状根痕；叶痕呈三角形，左右交互排列。质硬，断面纤维性，内皮层环明显，可见多数维管束小点及棕色油细胞。气芳香，味苦、微辛。

野外识别：多年生草本。叶无柄，叶片薄，渐狭，脱落；叶片暗绿色，线形，基部对折，先端渐狭，无中肋，平行脉多数，稍隆起。花序柄腋生，三棱形。叶状佛焰苞，比肉穗花序长；花白色；幼果绿色，成熟时黄绿色或黄白色。花果期2～6月。

生　　境：常见于海拔20～2 600米的密林下，生长于湿地或溪旁石上。

濒危等级：无危(LC)。

性味与归经：辛、苦，温。归心、胃经。

功　　效：用于醒神益智，化湿开胃。

采收和储藏：秋、冬二季采挖，晒干。

混　伪　品：菖蒲 *Acorus calamus*、金钱蒲 *Acorus gramineus*、单苞鸢尾 *Iris anguifuga*。

孩儿参

科名：Caryophyllaceae
种名：*Pseudostellaria heterophylla* (Miq.) Pax
药名：太子参
别名：异叶假繁缕、孩儿参

药用部位：块根。

植物特征：

干燥成品识别：太子参干燥块根呈细长纺锤形，稍弯曲。表面黄白色，较光滑，微有纵皱纹，凹陷处有须根痕。顶端有茎痕。质硬而脆，断面平坦，淡黄白色，角质样，有粉性。气微，味微甘。

野外识别： 多年生草本。块根长纺锤形，白色，稍带灰黄。茎直立，单生，被2列短毛。叶片倒披针形，上面无毛，下面沿脉疏生柔毛。花梗被短柔毛；萼片5，狭披针形，外面及边缘疏生柔毛；花瓣5，白色，顶端2浅裂；雄蕊10；子房卵形，花柱3；柱头头状。闭花受精花具短梗；萼片疏生多细胞毛。蒴果宽卵形，含少数种子；种子褐色，扁圆形，具疣状凸起。花期4～7月，果期7～8月。

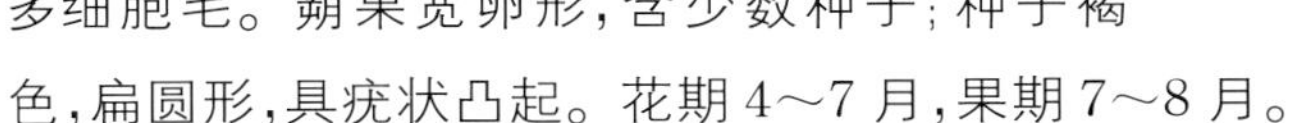

生　　境： 生于海拔800～2 700米的山谷林下阴湿处。

濒危等级： 无危(LC)。

性味与归经： 甘、微苦，平。归脾、肺经。

功　　效： 用于益气健脾，生津润肺。

采收和储藏： 夏季茎叶大部分枯萎时采挖，洗净，除去须根，置沸水中略烫，晒干。

混 伪 品： 阔叶山麦冬 *Liriope platyphylla*、石生蝇子草 *Silene tatarinowii*、百部 *Stemona japonica*、千针万线草 *Stellaria yunnanensis*、淡竹叶 *Lophatherum gracile*。

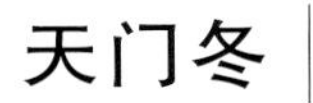

天门冬

科名： Asparagaceae	**药名：** 天冬
种名： *Asparagus cochinchinensis* (Lour.) Merr.	**别名：** 多儿母

药用部位： 块根。

植物特征：

干燥成品识别： 天冬干燥块根呈长纺锤形，略弯曲。表面黄白色，半透明。有黏性，断面角质样，中柱黄白色。气微，味甜、微苦。

野外识别： 攀援植物。根在中部或近末端成纺锤状膨大。茎平滑。叶状枝通常每3枚成簇，扁平或由于中脉龙骨状而略呈锐三棱形，稍镰刀状；茎上的鳞片状叶基部延伸为硬刺。花淡绿色。浆果，熟时红色，有1颗种子。花期5～6月，果期8～10月。

生　　　境： 生于海拔 1 750 米以下的山坡、路旁、疏林下、山谷或荒地上。

濒 危 等 级： 无危(LC)。

性味与归经： 甘、苦，寒。归肺、肾经。

功　　　效： 用于润肺滋肾，清热养阴。

采收和储藏： 秋、冬二季采挖，洗净，除去茎基和须根，置沸水中煮或蒸至透心，趁热除去外皮，切片，干燥。

混　伪　品： 羊齿天门冬 *Asparagus filicinus*。

铁包金

科名： Rhamnaceae　　**药名：** 铁包金

种名： *Berchemia lineata* (L.) DC.　　**别名：** 老鼠耳

药 用 部 位： 根。

植 物 特 征：

干燥成品识别： 铁包金干燥的根呈不规则圆柱形，弯曲具分枝。表面深褐色，有网状裂纹及纵皱。质坚，难折断。皮部较厚实，断面纹理致密，棕黄色。气微，味甘淡。

野外识别： 藤状或矮灌木。小枝圆柱状，黄绿色，被密短柔毛。叶纸质，顶端圆形，具小尖头，两面无毛；叶柄短，被短柔毛；托叶披针形，宿存。花白色，无毛，花梗无毛，聚伞总状花序顶生；花芽卵圆形；萼片狭披针状条形，顶端尖，萼筒短，盘状；花瓣匙形，顶端钝。核果圆柱形，顶端钝，成熟时黑色或紫黑色，基部有宿存的花盘和萼筒；果梗被短柔毛。花期 7～10 月，果期 11 月。

生　　　境： 生于低海拔的山野、路旁或开旷地上。

濒 危 等 级： 易危(VU)。

性味与归经： 微苦、涩，平。归心、肺经。

功　　　效： 用于止咳祛痰，散疼。

采收和储藏： 秋后采根，鲜用或切片晒干使用。

混　伪　品： 入地金牛 *Zanthoxylum nitidum*、多花勾儿茶 *Berchemia floribunda*、光枝勾儿茶 *Berchemia polyphylla* var. *leioclada*。

菝葜

科名：Smilaceae	药名：菝葜
种名：*Smilax china* L.	别名：坐山虎

药 用 部 位： 根茎。

植 物 特 征：

干燥成品识别： 菝葜干燥根茎为不规则块状或弯曲扁柱形，有结节状隆起。表面黄棕色，具圆锥状突起的茎基痕，并残留坚硬的刺状须根残基或细根。质坚硬，难折断，断面呈棕色，纤维性，可见点状维管束和多数小亮点。切片呈不规则形，边缘不整齐，切面粗纤维性；质硬，折断时有粉尘飞扬。气微，味微苦、涩。

野外识别： 攀援灌木。根状茎粗厚，坚硬，为不规则的块状；疏生刺；叶薄革质，干后近古铜色，有卷须，伞形花序生于叶尚幼嫩的小枝上，常呈球形；花序托稍膨大，近球形，较少稍延长，具小苞片；花绿黄色，内花被片稍狭；雄花中花药比花丝稍宽，常弯曲；有 6 枚退化雄蕊。浆果熟时红色，有粉霜。

生　　境： 生于海拔 2 000 米以下的林下、灌丛中、路旁、河谷或山坡上。

濒 危 等 级： 易危（VU）。

性味与归经： 甘、微苦、涩，平。归肝、肾经。

功　　效： 用于利湿去浊，祛风除痹，解毒散瘀。

采收和储藏： 秋末至次年春采挖，晒干。

混　伪　品： 肖菝葜 *Heterosmilax japonica*。

光叶菝葜

科名：Smilaceae	药名：土茯苓
种名：*Smilax glabra* Roxb.	别名：白茯苓

药 用 部 位： 根茎。

植物特征:

干燥成品识别: 光叶菝葜干燥根茎略呈圆柱形，稍扁，有结节状隆起，具短分枝。表面黄棕色，凹凸不平，有坚硬的须根残基。质坚硬。切片呈长圆形或不规则，边缘不整齐；切面类白色至淡红棕色，粉性，可见点状维管束及多数小亮点；质略韧，折断时有粉尘飞扬，以水湿润后有黏滑感。气微，味微甘、涩。

野外识别: 攀援灌木。根状茎粗厚，块状，常由匍匐茎相连接。枝条光滑，无刺。叶薄革质，狭椭圆状披针形，下面绿色；有卷须。伞形花序；在总花梗与叶柄之间有一芽；花序托膨大，连同多数宿存的小苞片多少呈莲座状；花绿白色，六棱状球形；雄花外花被片近扁圆形，背面中央具纵槽；内花被片近圆形，边缘有不规则的齿；雄蕊靠合，与内花被片近等长，花丝极短；雌花外形与雄花相似，但内花被片边缘无齿。浆果熟时紫黑色，具粉霜。

生　　境: 常生于海拔 1 800 米以下的林中、灌丛下、河岸或山谷中。

濒危等级: 无危(LC)。

性味与归经: 甘、淡，平。归肝、胃经。

功　　效: 用于解毒，除湿，通利关节。

采收和储藏: 夏、秋二季采挖，除去须根，洗净，晒干；或趁鲜切成薄片，晒干。

混 伪 品: 肖菝葜 *Heterosmilax japonica*、柔毛菝葜 *Smilax chingii*、黑果菝葜 *Smilax glaucochina*、西南菝葜 *Smilax bockii*、小叶菝葜 *Smilax microphylla*、短梗菝葜 *Smilax scobinicaulis*、短柱肖菝葜 *Heterosmilax yunnanensis*。

西洋参

科名: Araliaceae	药名: 西洋参
种名: *Panax quinquefolius* L.	别名: 花旗参

药用部位: 根。

植物特征:

干燥成品识别: 西洋参干燥根表面浅黄褐色，体重，质坚实，不易折断，断面平坦；切面淡黄白至黄白色，呈长圆形或类圆形薄片，形成层环棕黄色，略显粉性，皮部可见黄棕色点状树脂道，近形成层环处较多而明显，木部略呈放射状纹理。气微而特异，味微苦、甘。

野外识别：多年生草本。根状茎短，不增厚成块状。主根肥大。地上茎单生，有纵纹，无毛，基部有宿存鳞片。叶为掌状复叶；叶柄有纵纹，无毛；小叶片倒卵形，薄膜质，上面脉上几无刚毛，边缘的锯齿不规则且较粗大。伞形花序单个顶生；总花梗有纵纹；花梗丝状；花淡黄绿色；萼无毛，边缘有5个三角形小齿；花瓣5，卵状三角形；雄蕊5，花丝短；子房2室；花柱2，离生。果实扁球形，鲜红色。种子肾形，乳白色。

生　　境：均系栽培品，生长于海拔1 000米左右的山地，喜光，适应生长在森林砂质壤上。

性味与归经：甘、微苦，凉。归心、肺、肾经。

功　　效：用于补气养阴，清热生津。

采收和储藏：去芦，润透，切薄片，干燥或用时捣碎。

混　伪　品：沙参 *Adenophora stricta*、轮叶沙参 *Adenophora tetraphylla*、野豇豆 *Vigna vexillata*、黄蜀葵 *Abelmoschus manihot*。

莎草

科名：Cyperaceae	**药名：**香附
种名：*Cyperus rotundus* L.	**别名：**香头草

药用部位：根茎。

植物特征：

干燥成品识别：香附干燥根茎多呈纺锤形，表面棕褐色，有纵皱纹；去净毛须者较光滑，环节不明显。质硬，经蒸煮者断面棕色，角质样；生晒者断面色白而显粉性，内皮层环纹明显，中柱色较深，点状维管束散在。气香，味微苦。

野外识别：多年生草本。根状茎短，不增厚成块状。主根肥大。地上茎单生，有纵纹，无毛，基部有宿存鳞片。叶为掌状复叶；叶柄，有纵纹，无毛，基部无托叶；小叶片薄膜质，长圆状椭圆形，边缘有锯齿，齿有刺尖，上面散生少数刚毛，下面无毛；伞形花序单个顶生；总花梗有纵纹；花梗丝状；花淡黄绿色；萼无毛，边缘有5个三角形小齿；花瓣5，卵状三角形；雄蕊5，花丝短；花柱2，离生。果实扁球形，鲜红色。种子肾形，乳白色。

生　　　境：生长于山坡荒地草丛中或水边潮湿处。

濒 危 等 级：无危(LC)。

性味与归经：辛、微苦、微甘，平。归肝、脾、三焦经。

功　　　效：用于疏肝解郁，理气宽中，调经止痛。

采收和储藏：秋季采挖，燎去毛须，置沸水中略煮或蒸透，晒干。

混　伪　品：天葵 *Semiaquilegia adoxoides*。

玄参

科名：Scrophulariaceae　　**药名：**玄参

种名：*Scrophularia ningpoensis* Hemsl.　　**别名：**黑玄参

药 用 部 位：根。

植 物 特 征：

干燥成品识别：玄参干燥根呈类圆柱形。表面灰褐色，有不规则的皴沟、横长皮孔样突起和稀疏的横裂纹和须根痕。质坚实，不易折断，断面黑色，微有光泽。气特异似焦糖，味甘、微苦。

野外识别：高大草本。支根数条。茎四棱形，有浅槽，常分枝。叶在茎下部多对生而具柄，叶片形状多变化。花序为疏散的大聚伞圆锥花序，有腺毛；花褐紫色，裂片圆形，边缘稍膜质；花冠筒球形，上唇长于下唇，裂片圆形，相邻边缘相互重叠；雄蕊稍短于下唇，花丝肥厚；花柱稍长于子房。蒴果卵圆形。花期6～10月，果期9～11月。

生　　　境：生于海拔1 700米以下的竹林、溪旁、丛林及高草丛中；并有栽培。

濒 危 等 级：无危(LC)。

性味与归经：甘、苦、咸，微寒。归肺、胃、肾经。

功　　　效：用于清热凉血，滋阴降火，解毒散结。

采收和储藏：冬季茎叶枯萎时采挖，除去根茎、幼芽和须根，洗净，晒干或烘干。

混　伪　品：瓜叶乌头 *Aconitum hemsleyanum*、紫玉盘 *Uvaria microcarpa*。

麦冬

科名：Liliaceae	药名：麦冬
种名：*Ophiopogon japonicus*（L. f.）Ker-Gawl.	别名：虋冬、不死药、禹余粮

药用部位： 块根。

植物特征：

干燥成品识别： 麦冬干燥块根呈纺锤形。表面淡黄色，有细纵纹。质柔韧，断面黄白色，半透明，中柱细小。气微香，味甘、微苦。

野外识别： 根较粗，中间或近末端常膨大成纺锤形的小块根，淡褐黄色；地下走茎细长，节上具膜质的鞘。茎很短，叶基生成丛，禾叶状，边缘具细锯齿。花葶通常比叶短得多，总状花序；苞片披针形；花被片常稍下垂而不展开，披针形；花药三角状披针形；花柱较粗，基部宽阔，向上渐狭。种子球形。花期5～8月，果期8～9月。

生　　境： 生于海拔2 000米以下的山坡阴湿处、林下或溪旁。

濒危等级： 无危（LC）。

性味与归经： 甘、微苦，微寒。归心、肺、胃经。

功　　效： 用于养阴生津，润肺清心。

采收和储藏： 夏季采挖，洗净，反复暴晒、堆置，至七八成干，除去须根，干燥。

混 伪 品： 羊齿天门冬 *Asparagus filicinus*、淡竹叶 *Lophatherum gracile*。

玉竹

科名：Liliaceae	药名：玉竹
种名：*Polygonatum odoratum*（Mill.）Druce	别名：小叶芦、玉参

药用部位： 根茎。

植物特征：

干燥成品识别： 玉竹干燥根茎呈长圆柱形，略扁，少有分枝，易折断。表面淡黄棕色，半透明，

具纵皱纹和微隆起的环节,有白色圆点状的须根痕和圆盘状茎痕。气微,味甘,嚼之发黏。

野外识别:根状茎圆柱形。叶互生,下面带灰白色,下面脉上平滑至呈乳头状粗糙。花被黄绿色至白色,花被筒较直;花丝丝状,近平滑至具乳头状突起;浆果蓝黑色。花期5～6月,果期7～9月。

生　　境:生于海拔500～3 000米的林下或山野阴坡。

濒危等级:无危(LC)。

性味与归经:味甘,性平。归肺、胃经。

功　　效:用于养阴润燥,生津止渴。

采收和储藏:秋季采挖,除去须根,洗净,蒸透后,揉至半透明,晒干。

混　伪　品:深裂竹根七 *Disporopsis pernyi*、白及 *Bletilla striata*、多花黄精 *Polygonatum cyrtonema*。

温郁金

科名: Zingiberaceae　　**药名:**郁金

种名:*Curcuma aromatica* Salisb. '*Wenyujin*'　　**别名:**姜黄

药用部位:块根。

植物特征:

干燥成品识别:郁金干燥块根呈长圆形,稍扁,两端渐尖。表面灰褐色,具不规则的纵皱纹,纵纹隆起处色较浅。质坚实,断面灰棕色,角质样;内皮层环明显。气微香,味微苦。

野外识别:根茎肉质,肥大,椭圆形,根端膨大呈纺锤状,黄色,芳香。叶基生,叶片长圆形,无毛;穗状花序圆柱形,上部苞片长圆形,白色而染淡红,顶端常具小尖头,被毛;花葶被疏柔毛,顶端3裂;花冠管漏斗形,喉部被毛,裂片长圆形,纯白色而不染红,后方的一片较大,顶端具小尖

头,被毛;侧生退化雄蕊淡黄色,倒卵状长圆形;唇瓣黄色,倒卵形,顶微2裂;子房被长柔毛。花期4~5月。

生　　境: 栽培于土层深厚、排水良好的砂壤土中。

濒危等级: 无危(LC)。

性味与归经: 辛、苦,寒。归肝、心、肺经。

功　　效: 用于活血止痛,行气解郁,清心凉血,利胆退黄。

采收和储藏: 冬季茎叶枯萎后采挖,洗净,蒸或煮至透心,晒干。

混 伪 品: 三七 *Panax pseudoginseng* var. *notoginseng*。

东方泽泻

科名: Alismataceae	**药名:** 泽泻
种名: *Alisma orientale* (Samuel.) Juz.	**别名:** 匙子菜、如意菜

药用部位: 块茎。

植物特征:

干燥成品识别: 泽泻干燥块茎表面黄白色,有不规则的横向环状浅沟纹和多数细小突起的须根痕。质坚实,断面黄白色,粉性,有多数细孔。气微,味微苦。

野外识别: 叶多数;挺水叶椭圆形,先端渐尖,边缘窄膜质。花两性;花梗不等长;外轮花被片卵形,边缘窄膜质,内轮花被片近圆形,比外轮大,白色、淡红色,稀黄绿色,边缘波状;心皮排列不整齐,花柱直立,柱头长约为花柱1/5;花药黄绿色;花托在果期呈凹凸。瘦果椭圆形,背部具浅沟,腹部自果喙处凸起,呈膜质翅,两侧果皮纸质,半透明,自腹侧中上部伸出。种子紫红色。花果期5~9月。

生　　境: 生于海拔几十米至2 500米左右的湖泊、水塘、沟渠、沼泽中。

濒危等级: 无危(LC)。

性味与归经: 甘、淡,寒。归肾、膀胱经。

功　　效: 用于利尿渗湿,泄热,化浊降脂。

混 伪 品: 窄叶泽泻 *Alisma canaliculatum*、芋 *Colocasia esculenta*、野慈姑 *Sagittaria trifolia*。

知母

科名：Liliaceae	药名：知母
种名：*Anemarrhena asphodeloides* Bunge	别名：穿地龙、连母、野蓼、地参

药用部位：根茎。

植物特征：

干燥成品识别：知母干燥根茎呈长条状，微弯曲，略扁，偶有分枝。表面黄棕色至棕色，上面有一凹沟，具紧密排列的环状节，节上密生黄棕色的残存叶基；下面隆起而略皱缩，并有点状根痕。质硬，易折断，断面黄白色。气微，味微甜、略苦，嚼之带黏性。

野外识别：根状茎粗，为残存的叶鞘所覆盖。叶向先端渐尖而成近丝状，基部渐宽而成鞘状，具多条平行脉，没有明显的中脉。花葶比叶长得多；总状花序较长；苞片小，卵圆形，先端长渐尖；花被片条形，中央具3脉，宿存。蒴果狭椭圆形，顶端有短喙。花果期6～9月。

生　　境：生于海拔1 450米以下的山坡、草地或路旁较干燥或向阳的地方。

濒危等级：无危(LC)。

性味与归经：苦、甘、寒。归肺、胃、肾经。

功　　效：用于清热泻火，滋阴润燥。

采收和储藏：春、秋二季采挖，除去须根和外皮，洗净，晒干。

混 伪 品：无。

防风

科名：Umbelliferae	药名：防风
种名：*Saposhnikovia divaricata* (Trucz.) Schischk.	别名：北防风、关防风、哲里根呢

药用部位：根。

植物特征：

干燥成品识别：防风干燥根呈长圆锥形。表面灰棕色，粗糙，有纵皱纹、多数横长皮孔样突起及点状的细根痕。根头部有明显密集的环纹。体轻，质松，易折断，断面不平坦，皮部浅棕色，有裂隙，木部浅黄色。气特异，味微甘。

野外识别：多年生草本。根粗壮，细长圆柱形，分歧，淡黄棕色。根头处被有纤维状叶残基及明显的环纹。茎单生，有细棱，基生叶丛生，有扁长的叶柄，基部有宽叶鞘。叶片二回或近于三回羽状分裂。复伞形花序多数；无总苞片；花瓣倒卵形，白色，无毛，先端微凹，具内折小舌片。双悬果狭圆形，幼时有疣状突起，成熟时渐平滑；每棱槽内通常有油管1，合生面油管2；胚乳腹面平坦。花期8～9月，果期9～10月。

生　　境：生长于草原、丘陵、多砾石山坡。

濒危等级：无危（LC）。

性味与归经：辛、甘，微温。归膀胱、肝、脾经。

功　　效：用于祛风解表，止痛，止痉。

采收和储藏：春、秋二季采挖未抽花茎植株的根，洗净，晒干。

混 伪 品：前胡 *Peucedanum praeruptorum*、野胡萝卜 *Daucus carota*。

黄芩

科名：Labiatae	**药名：**黄芩
种名：*Scutellaria baicalensis* Georgi	**别名：**黄金茶

药用部位：根。

植物特征：

干燥成品识别：黄芩干燥根呈圆锥形，扭曲。表面棕黄色，有稀疏的疣状细根痕，上部较粗糙。质硬而脆，易折断，断面黄色，中心红棕色；老根中心呈枯朽状或中空，暗棕色。气微，味苦。

野外识别：多年生草本。根茎肥厚，肉质，伸长而分枝。茎基部伏地，钝四棱形，具细条纹。叶坚纸质，披针形，顶端钝，基部圆形，全缘，上面暗绿色，下面色较淡，密被下陷的腺点，侧脉 4 对；叶柄短，被微柔毛。总状花序；花梗与序轴均被微柔毛；苞片卵圆状披针形，近于无毛。花萼外面密被微柔毛，萼缘被疏柔毛。花冠紫、紫红至蓝色，密被短柔毛；冠檐 2 唇形。雄蕊 4，稍露出；花丝扁平。花柱细长，微裂。花盘环状。子房褐色，无毛。小坚果卵球形，黑褐色，具瘤。花期 7～8 月，果期 8～9 月。

生　　境：生于海拔 60～2 000 米的向阳草坡地、休荒地上。

濒危等级：无危(LC)。

性味与归经：苦，寒。归肺、胆、脾、大肠、小肠经。

功　　效：用于清热噪湿，泻火解毒，止血，安胎。

采收和储藏：春、秋二季采挖，除去须根，洗净，晒干，搓去粗皮。

混 伪 品：无。

蒜

科名：Alliaceae	药名：蒜
种名：*Allium sativum* L.	别名：大蒜、蒜头

药用部位：新鲜鳞茎。

植物特征：

干燥成品识别：蒜呈类球形，表面被白色、淡紫色或紫红色的膜质鳞皮。顶端略尖，中间有残留花葶，基部有多数须根痕。剥去外皮，可见独头或 6～16 个瓣状小鳞茎，着生于残留花茎基周围。鳞茎瓣略呈卵圆形，外皮膜质，先端略尖，一面弓状隆起，剥去皮膜，白色，肉质。气特异，味辛辣，具刺激性。

野外识别：鳞茎球状至扁球状，通常由多数肉质、瓣状的小鳞茎紧密地排列而成，外面被数层白色至带紫色的膜质鳞茎外皮。叶条形，扁平，比花葶短。花葶实心，圆柱状，中部以下被叶鞘；总苞具长喙，早落；伞形花序密具珠芽，间有数花；小花梗纤细；小苞片大，卵形，膜质，具短尖；花常为淡红色；花被片披针形，内轮较短；花丝比花被片短，基部合生并与花被片贴生，内轮的基部扩大，扩大部分每侧各具 1 齿，齿端成长丝状，长超过花被片，外轮的锥形；子房球状；花柱不伸出花被外。花期 7 月。

生　　境： 普遍栽培。

濒危等级： 无危(LC)。

性味与归经： 辛，温。归脾、胃、肺经。

功　　效： 用于解毒消肿，杀虫止痢，顿咳泄泻。

采收和储藏： 夏季叶枯时采挖，除去须根和泥沙，通风晾晒至外皮干燥。

混　伪　品： 无。

小根蒜、薤头

科名： Alliaceae

种名： 小根蒜 *Allium macrostemon* Bunge，薤头 *Allium chinense* G. Don

药名： 薤白

别名： 薤根、藠子、野蒜、小独蒜、薤白头

药用部位： 鳞茎。

植物特征：

干燥成品识别：【小根蒜】呈不规则卵圆形。表面黄白色或淡黄棕色，皱缩，半透明，有类白色膜质鳞片包被，底部有突起的鳞茎盘。质硬，角质样。有蒜臭，味微辣。【薤头】呈略扁的长卵形。表面淡黄棕色或棕褐色，具浅纵皱纹。质较软，断面可见鳞叶2～3层，嚼之黏牙。

野外识别：【小根蒜】鳞茎近球状，基部常具小鳞茎；鳞茎外皮带黑色，纸质，不破裂。叶3～5枚，半圆柱状，中空，上面具沟槽，比花葶短。花葶圆柱状，中下部被叶鞘；总苞2裂，比花序短；伞形花序，半球状至球状；珠芽暗紫色，基部亦具小苞片；花淡紫色或淡红色；花被片矩圆状卵形；花丝在基部合生并与花被片贴生；子房近球状，腹缝线基部具有帘的凹陷蜜穴；花柱伸出花被外。花果期5～7月。【薤头】鳞茎数枚聚生，狭卵状；鳞茎外皮白色或带红色，膜质，不破裂。叶2～5枚，具3～5棱的圆柱状，中空，近与花葶等长。花葶侧生，圆柱状，下部被叶鞘；总苞2裂，比伞形花序短；伞形花序近半球状，较松散；花淡紫色至暗紫色；花被片宽椭圆形，顶端钝圆；花丝等长，仅基部合生并与花被片贴生；子房倒卵球状，腹缝线基部具有帘的凹陷蜜穴；花柱伸出花被外。花果期10～11月。

生　　境：【小根蒜】生于海拔1 500米以下的山坡、丘陵、山谷或草地上，极少数地区(云南和西藏)在海拔3 000米的山坡上也有。【薤头】广泛栽培。

濒危等级： 无危(LC)。

性味与归经： 辛、苦，温。归心、肺、胃、大肠经。

功　　效： 用于通阳散结，行气导滞。

采收和储藏： 夏、秋二季采挖，洗净，除去须根，蒸透或置沸水中烫透，晒干。

混 伪 品： 绵枣儿 *Scilla scilloides*。

桑

科名：Moraceae	药名：桑白皮
种名：*Morus alba* L.	别名：家桑

药用部位： 根皮。

植物特征：

干燥成品识别： 桑的干燥根皮呈扭曲的卷筒状、槽状或板片状。外表面白色或淡黄白色，较平坦，有的残留橙黄色或棕黄色鳞片状粗皮；内表面黄白色或灰黄色，有细纵纹。体轻，质韧，纤维性强，难折断，易纵向撕裂，撕裂时有粉尘飞扬。气微，味微甘。

野外识别： 乔木或灌木。树皮厚，灰色，具不规则浅纵裂；冬芽红褐色，卵形，芽鳞覆瓦状排列，灰褐色，有细毛。叶卵形，边缘锯齿粗钝，表面鲜绿色，无毛，背面沿脉有疏毛；叶柄具柔毛；托叶披针形，早落，外面密被细硬毛。花单性，生于芽鳞腋内，与叶同时生出；雄花序下垂，密被白色柔毛。花被片宽椭圆形，淡绿色。花丝在芽时内折，花药2室，纵裂；雌花序被毛，总花梗被柔毛，雌花无梗，花被片倒卵形，顶端圆钝，外面和边缘被毛，两侧紧抱子房，无花柱，柱头2裂，内面有乳头状突起。聚花果卵状椭圆形，成熟时红色或暗紫色。花期4～5月，果期5～8月。

生　　境： 栽培种。

濒危等级： 无危(LC)。

性味与归经： 甘，寒。归肺经。

功　　效： 用于泻肺平喘，利水消肿。

采收和储藏： 秋末叶落时至次春发芽前采挖根部，刮去黄棕色粗皮，纵向剖开，剥取根皮，晒干。

混 伪 品： 无。

厚朴

科名：Magnoliaceae	药名：厚朴
种名：*Magnolia officinalis* Rehd. et Wils.	别名：温朴

药用部位：根皮及枝皮。

植物特征：

干燥成品识别：【干皮】厚朴干燥根皮或枝皮呈卷筒状。外表面灰棕色，粗糙，较易剥落，有明显椭圆形皮孔和纵皱纹，刮去粗皮者显黄棕色。内表面紫棕色，较平滑，具细密纵纹，划之显油痕。质坚硬，易折断，断面纤维性，外层灰棕色，内层紫褐色或棕色，有油性，有的可见多数小亮星。气香，味辛辣、微苦。

野外识别：落叶乔木。树皮厚，褐色，不开裂；小枝粗壮，黄色，幼时有绢毛；顶芽大，狭卵状圆锥形，无毛。叶大，近革质，7～9片聚生于枝端，长圆状倒卵形，全缘而微波状，上面绿色，无毛，下面灰绿色，被灰色柔毛，有白粉；叶柄粗壮。花白色，芳香；花梗粗短，被长柔毛，厚肉质，外轮3片淡绿色，长圆状倒卵形，盛开时常向外反卷，内两轮白色，倒卵状匙形，基部具爪，花盛开时中内轮直立；花丝红色；雌蕊群椭圆状卵圆形。聚合果长圆状卵圆形；蓇葖具喙；种子三角状倒卵形。花期5～6月，果期8～10月。

生　　境：生于海拔300～1 500米的山地林间。

濒危等级：无危(LC)。

性味与归经：苦、辛，温。归脾、胃、肺、大肠经。

功　　效：用于下气除满，燥湿消痰。

采收和储藏：每年4～6月剥取根皮和枝皮，直接阴干；干皮置沸水中微煮后，堆置阴湿处，“发汗”至内表面变紫褐色或棕褐色时，蒸软，取出，卷成筒状，干燥。

混　伪　品：武当木兰 *Magnolia sprengeri*、白兰 *Michelia alba*、玉兰 *Magnolia denudata*。

毛冬青

科名：Aquifoliaceae	药名：毛冬青
种名：*Ilex pubescens* Hook. et Arn.	别名：茶叶冬青

药用部位：根。

植物特征：

干燥成品识别：毛冬青干燥根呈切片状，大小不等；外皮灰褐色，稍粗糙，有细皱纹和横向皮孔。切面皮部薄，老根稍厚，木部黄白色或淡黄棕色，有致密的纹理。质坚实，不易折断。气微，味苦、涩而后甘。

野外识别：常绿灌木或小乔木；小枝纤细，近四棱形，灰褐色，密被长硬毛，具纵棱脊，无皮孔，具稍隆起、近新月形叶痕。叶片纸质或膜质，椭圆形，先端尖，基部钝，边缘具疏而尖的细锯齿，叶两面被长硬毛，无光泽；叶柄密被长硬毛。花序密被长硬毛。雄花序：聚伞花序，花粉红色，花萼盘状，被长柔毛，5 或 6 深裂，裂片卵状三角形，具缘毛，花冠辐状，花瓣 4～6 枚，卵状长圆形。雌花序：簇生，被长硬毛，单个分枝具单花，花萼盘状，6 或 7 深裂，被长硬毛，急尖，花冠辐状，花瓣 5～8 枚，长圆形。果球形，成熟后红色，干时具纵棱沟，密被长硬毛；宿存花萼平展，裂片卵形，外面被毛。内果皮革质或近木质。花期 4～5 月，果期 8～11 月。

生　　境：生于海拔(60～)100～1 000 米的山坡常绿阔叶林中或林缘、灌木丛中及溪旁、路边。

濒危等级：无危(LC)。

性味与归经：苦、涩，寒。归心、肺经。

功　　效：用于凉血活血，消炎解毒。

采收和储藏：全年均可采挖，洗净，切片，晒干。

混 伪 品：无。

山芝麻

科名：Sterculiaceae	药名：山芝麻
种名：*Helicteres angustifolia* L.	别名：山油麻

药用部位：根。

植物特征：

干燥成品识别：山芝麻干燥根呈圆柱形，稍弯曲，长短不一。表面黑褐色、灰棕色，有不规则的纵皱纹及细根痕，部分外皮呈膜状脱落。质坚硬，不易折断，断面不平整，皮部浅棕色，纤维性，木部黄白色。气微，微苦。

野外识别：小灌木，小枝和叶均被柔毛。聚伞花序，萼管状，被星状短柔毛，5裂，裂片三角形；花瓣5片，不等大，基部有2个耳状附属体；蒴果卵状矩圆形，顶端急尖，密被星状毛及混生长绒毛；种子小，褐色，有椭圆形小斑点。花期几乎全年。

生　　境：常生于草坡上。

濒危等级：无危(LC)。

性　　味：苦、微甘，寒；有小毒。归胃经。

功　　效：用于清热解毒，泻火止咳。

采收和储藏：夏、秋二季采挖，洗净，截段，晒干。

混 伪 品：雁婆麻 *Helicteres hirsuta*。

第二节　全草类植物

败酱

科名: Valerianaceae　　**药名:** 败酱草

种名: *Patrinia scabiosaefolia* Fisch. ex Trev.　　**别名:** 黄花龙芽

药用部位: 全草。

植物特征:

干燥成品识别: 败酱干燥全草叶对生,叶片薄,多卷缩或破碎,边缘有粗锯齿,两面疏生白毛,基部略抱茎;伞房状聚伞圆锥花序。根茎呈圆柱形,表面暗棕色,有节。质脆,断面中部有髓或呈细小空洞。气特异,味微苦。

野外识别: 多年生草本。根状茎,直立,黄棕色。基生叶丛生,基部楔形,边缘具粗锯齿,上面暗绿色,背面淡绿色,具缘毛;茎生叶对生,无柄。花序为聚伞花序组成的大型伞房花序,顶生;花序梗上方一侧被开展白色粗糙毛;苞片小;花小,花冠钟形,黄色;雄蕊 4;瘦果长圆形,具 3 棱。花期 7～9 月。

生　　境: 常生于海拔 50～2 600 米的山坡林下、林缘和灌丛中以及路边、田埂边的草丛中。

濒危等级: 无危(LC)。

性味与归经: 辛、苦,凉。归肝、胃、大肠经。

功　　效: 用于清热解毒,祛瘀排脓。

采收和储藏: 夏季花开前采挖,晒至半干,阴干即可。

混 伪 品: 苣荬菜 *Sonchus arvensis*、鬼针草 *Bidens pilosa*。

车前

科名：Plantaginaceae　　药名：车前
种名：*Plantago asiatica* L.　　别名：车轮草、猪耳草、牛耳朵草、车轱辘菜、蛤蟆草

药用部位：全草。

植物特征：

干燥成品识别：车前叶基生，具长柄；叶片皱缩，展平后呈宽卵形；表面灰绿色；先端钝，基部宽楔形。穗状花序数条，花茎长。蒴果盖裂，萼宿存。根丛生，须状。气微香，味微苦。

野外识别：二年生或多年生草本。须根多数。根茎短，稍粗。叶基生呈莲座状；叶片薄纸质，宽卵形，先端钝圆，两面疏生短柔毛；叶柄基部扩大成鞘，疏生短柔毛。花序梗有纵条纹，疏生白色短柔毛；穗状花序细圆柱状；花具短梗；花冠白色，无毛，裂片狭三角形，具明显的中脉，于花后反折。雄蕊着生于冠筒内面近基部，与花柱明显外伸，花药卵状椭圆形，白色，干后变淡褐色。蒴果纺锤状卵形。种子椭圆形，具角，黑褐色，背腹面微隆起；子叶背腹向排列。花期4～8月，果期6～9月。

生　　境：生于海拔3～3 200米的草地、沟边、河岸湿地、田边、路旁或村边空旷处。

濒危等级：无危(LC)。

性味与归经：甘，寒。归肝、肾、肺、小肠经。

功　　效：用于清热解毒，利尿，祛痰。

采收和储藏：夏季采挖，除去泥沙，晒干。

混 伪 品：无。

井栏边草

科名：Pteridaceae　　药名：凤尾草
种名：*Pteris multifida* Poir.　　别名：鸡脚草、金鸡尾、井口边草、井边凤尾、井栏草、凤尾蕨、五指草

药用部位：全草。

植物特征：

干燥成品识别：凤尾草叶二型，丛生，灰绿色，叶柄细而有棱，黄绿色，孢子叶叶片为一回羽状复叶，下部羽片常2～3叉，羽片均为长条形，叶轴有狭翅；营养叶羽片较宽，边缘有细锯齿。孢子囊群着生叶脉，棕色。干燥根茎短，稍扭曲，有棕褐色条状披针形鳞片及弯曲的细根。气微，味淡或稍涩。

野外识别：叶片卵状长圆形，一回羽状，羽片通常3对，对生，斜向上，无柄，线状披针形，先端渐尖，叶缘有不整齐的尖锯齿并有软骨质的边，顶生三叉羽片及上部羽片的基部显著下延；能育叶有较长的柄，羽片狭线形，仅不育部分具锯齿，余均全缘。主脉两面均隆起，禾秆色，侧脉明显，稀疏。根状茎短而直立，先端被黑褐色鳞片。叶多数，密而簇生，明显二型。

生　　境：生于海拔1 000米以下的墙壁、井边及石灰岩缝隙或灌丛下。

濒危等级：无危(LC)。

性味与归经：淡、微苦，凉。无归经。

功　　效：用于清热解毒，凉血止血。

采收和储藏：夏、秋二季采挖，洗净，晒干。

混 伪 品：无。

狗肝菜

科名：Acanthaceae	药名：狗肝菜
种名：*Dicliptera chinensis* (L.) Juss.	别名：金龙棒、青蛇仔、野辣椒

药用部位：全草。

植物特征：

干燥成品识别：狗肝菜叶对生，叶片多皱缩、破碎，完整者展平后呈宽卵形；暗绿色，先端渐尖，全缘；总苞片对生，叶状，宽卵形，大小不等。茎多分枝，折曲状；表面灰绿色，被疏柔毛，节稍膨大。根呈须状，淡黄色。气微，味淡，微甘。

野外识别：草本。茎具6条钝棱和浅沟，节常膨大膝曲状。叶卵状椭圆形，顶端短渐尖，纸质，绿深色；总苞片宽卵形，大小不等，顶端有小凸尖，具脉纹，被柔毛；小苞片线状披针形；花萼裂片5,钻形;花冠淡紫红色,外面被柔毛,2唇形,上唇阔卵状近圆形,全缘,有紫红色斑点,下唇长圆形,3浅裂;雄蕊2,花丝被柔毛,药室2,卵形,一上一下。蒴果被柔毛,开裂时由蒴底弹起,具种子4粒。

生　　境: 生于海拔1 800米以下疏林下、溪边、路旁。

濒危等级: 无危(LC)。

性味与归经: 甘、淡,凉。无归经。

功　　效: 用于清热解毒,凉血生津。

采收和储藏: 夏、秋二季采挖,洗净,晒干。

混 伪 品: 无。

火炭母

科名: Polygonaceae

种名: *Polygonum chinense* L.

药名: 火炭母

别名: 翅地利、火炭星、火炭藤、白饭藤、信饭藤

药用部位: 全草。

植物特征:

干燥成品识别: 火炭母叶互生,多卷缩、破碎,完整叶片展开后呈卵状矩圆形,先端短尖,全缘;上表面暗绿色,下表面色较浅,两面近无毛;托叶鞘筒状,膜质,先端偏斜。茎扁圆柱形,有分枝,节稍膨大,下部节上有须根;表面淡绿色,无毛,有细棱;质脆,易折断,断面灰黄色,多中空。干燥根呈须状,褐色。无臭,味酸、微涩。

野外识别: 多年生草本,基部近木质。根状茎粗壮。茎直立,常无毛,具纵棱,多分枝,斜上。叶卵形,顶端短渐尖,全缘,两面无毛;托叶鞘膜质,无毛,具脉纹,顶端偏斜,无缘毛。花序头状,花序梗被腺毛;苞片宽卵形;花被5深裂,裂片卵形,果时增大,呈肉质,蓝黑色;雄蕊8,比花被短;花柱3,中下部合生。瘦果宽卵形,具3棱,黑色,无光泽,包于宿存的花被。花期7～9月,果期8～10月。

生　　境: 生于海拔30～2 400米的山谷湿地、山坡草地。

濒危等级：无危(LC)。

性味与归经：酸、涩，凉。归肝、脾、大肠经。

功　　效：用于清热解毒，利湿止痒，明目退翳。

采收和储藏：夏、秋二季采挖，洗净，晒干。

混 伪 品：无。

广州相思子

科名：Papilionaceae	药名：鸡骨草
种名：*Abrus cantoniensis* Hance	别名：山弯豆，光眼藤

药用部位：全草。

植物特征：

干燥成品识别：鸡骨草羽状复叶互生，小叶矩圆形；先端平截，有小突尖，下表面被伏毛。茎丛生；灰棕色至紫褐色，小枝纤细。疏被短柔毛。根多呈圆锥形，上粗下细，有分枝，长短不一；表面灰棕色，粗糙，有细纵纹，支根极细；质硬。气微香，味微苦。

野外识别：攀援灌木。枝细直，平滑，被白色柔毛。羽状复叶互生；小叶膜质，长圆形，上面被疏毛，下面被糙伏毛，叶腋两面均隆起；小叶柄短。总状花序腋生；花小，聚生于花序总轴的短枝上；花梗短；花冠紫红色。荚果长圆形，扁平，顶端具喙，被稀疏白色糙伏毛，成熟时浅褐色。种子黑褐色，中间有孔。花期8月。

生　　境：生于海拔约200米的疏林、灌丛或山坡。

濒危等级：无危(LC)。

性味与归经：甘、微苦，凉。归肝、胃经。

功　　效：用于清热解毒，疏肝止痛。

采收和储藏：全年均可采挖，洗净，晒干。

混 伪 品：无。

积雪草

科名：Umbelliferae	药名：积雪草
种名：*Centella asiatica*（L.）Urban	别名：崩大碗、马蹄草、老鸦碗、铜钱草、大金钱草、钱齿草、铁灯盏

药用部位：全草。

植物特征：

干燥成品识别：积雪草干燥成品常卷缩成团状。根圆柱形；表面浅黄色。茎细长弯曲，黄棕色，有细纵皱纹，节上常着生须状根。叶片多皱缩、破碎，完整者展平后呈近圆形或肾形；灰绿色，边缘有粗钝齿；叶柄扭曲。伞形花序。双悬果扁圆形，有明显隆起的纵棱及细网纹，果梗甚短。气微，味淡。

野外识别：多年生草本。茎匍匐，细长，节上生根。叶片膜质，边缘有钝锯齿，基部阔心形；掌状脉，两面隆起；伞形花序聚生于叶腋；苞片膜质，卵形；花瓣卵形，膜质；花丝短于花瓣，与花柱等长。果实两侧扁压，圆球形，网状。花果期4～10月。

生　　境：生于海拔200～1 900米阴湿的草地或水沟边。

濒危等级：无危(LC)。

性味与归经：苦、辛，寒。归肝、脾、肾经。

功　　效：用于清热解毒，利湿消肿。

采收和储藏：夏、秋二季采收，除去泥沙，晒干。

混　伪　品：过路黄 *Lysimachia christinae*、活血丹 *Glechoma longituba*、马蹄金 *Dichondra repens*。

过路黄

科名：Primulaceae	药名：金钱草
种名：*Lysimachia christinae* Hance	别名：铺地莲

药用部位：全草。

植物特征：

干燥成品识别：过路黄干燥全草常缠结成团。茎扭曲，表面棕色，有纵纹，断面实心。叶对生，多皱缩，基部微凹，全缘，主脉明显突起；花黄色，单生叶腋，具长梗。蒴果球形。气微，味淡。

野外识别：茎柔弱，平卧延伸，幼嫩部分密被褐色无柄腺体，下部节间较短。叶对生，透光可见密布的透明腺条，干时腺条变黑色；花单生叶腋；毛被如茎，具褐色无柄腺体；花萼分裂近达基部；花冠黄色，质地稍厚，具黑色长腺条；花丝下半部合生成筒；花药卵圆形；花粉粒具3孔沟，近球形，表面具网状纹饰；子房卵珠形。蒴果球形，无毛，有稀疏黑色腺条。花期5～7月，果期7～10月。

生　　境：生于沟边、路旁阴湿处和山坡林下。

濒危等级：无危(LC)。

性味与归经：甘、咸，微寒。归肝、胆、肾、膀胱经。

功　　效：用于利湿退黄，利尿通淋，解毒消肿。

采收和储藏：夏、秋二季采收，除去杂质，晒干。

混 伪 品：马蹄金 *Dichondra repens*、临时救 *Lysimachia congestiflora*。

卷柏

科名：Selaginellaceae	**药名：**卷柏
种名：*Selaginella tamariscina* (P. Beauv.) Spring	**别名：**九死还魂草

药用部位：全草。

植物特征：

干燥成品识别：卷柏卷缩似拳状。枝丛生，扁而有分枝，绿色或棕黄色，向内卷曲，枝上密生鳞片状小叶，叶先端具长芒。中叶两行，卵状矩圆形，斜向上排列，叶缘膜质，有不整齐的细锯齿；背叶背面的膜质边缘常呈棕黑色。基部残留棕褐色须根，散生或聚生成短干状。质脆，易折断。气微，味淡。

野外识别：复苏植物，呈垫状。根托只生于茎的基部，根多分叉，密被毛，和茎及分枝密集形

成树状主干。主茎无关节，茎卵圆柱状，不具沟槽，光滑；小枝稀疏，规则，分枝无毛，背腹压扁。叶全部交互排列，二型，叶质厚，表面光滑，具白边，覆瓦状排列，边缘有细齿。分枝上的腋叶对称，卵形，边缘有细齿，黑褐色。中叶不对称，小枝上的椭圆形，覆瓦状排列，背部不呈龙骨状，先端具芒，基部平截，边缘有细齿。侧叶不对称，小枝上的侧叶略斜升，相互重叠，先端具芒，基部上侧扩大，加宽，覆盖小枝。孢子叶穗紧密，四棱柱形，单生于小枝末端；孢子叶一型，卵状三角形，边缘有细齿，具白边（膜质透明）；大孢子叶在孢子叶穗上下两面不规则排列。大孢子浅黄色；小孢子橘黄色。

生　　境： 常见于海拔 60～2 100 米的石灰岩上。

濒 危 等 级： 无危（LC）。

性味与归经： 辛，平。归肝、心经。

功　　效： 用于活血通经。

采收和储藏： 全年均可采收，洗净，晒干。

混　伪　品： 深绿卷柏 *Selaginella doederleinii*。

水蓼

科名： Polygonaceae	**药名：** 辣蓼
种名： *Polygonum hydropiper* L.	**别名：** 辣蓼、酸杆草

药 用 部 位： 全草。

植 物 特 征：

干燥成品识别： 水蓼叶互生，有柄；叶片皱缩或破裂，完整者展开后呈披针形；先端渐尖，基部楔形，全缘；有棕黑色斑点及细小半透明的腺点；托叶鞘筒状，紫褐色。总状花序，稍弯曲，下部间断着花，淡绿色，花被 5 裂，裂片密被腺点。茎圆柱形，有分枝；表面灰绿色或棕红色，有细棱线，节膨大；质脆，易折断，断面浅黄色。根须状，表面紫褐色。气微，味辛辣。

野外识别： 一年生草本。茎直立，多分枝，无毛，节部膨大。叶披针形，顶端渐尖，基部楔形，边缘全缘，具缘毛，两面无毛，被褐色小点，具辛辣味，叶腋具闭花受精花；托叶鞘筒状，膜质，褐色，

疏生短硬伏毛，顶端截形，具短缘毛，通常托叶鞘内藏有花簇。总状花序呈穗状，通常下垂，花稀疏，下部间断；苞片漏斗状，绿色，边缘膜质，疏生短缘毛；花梗比苞片长；花被5深裂，绿色，被黄褐色透明腺点，花被片椭圆形；雄蕊比花被短。瘦果卵形，密被小点，黑褐色，无光泽，包于宿存花被内。花期5～9月，果期6～10月。

生　　境：生于海拔50～3 500米的河滩、水沟边、山谷湿地。

濒危等级：无危(LC)。

性味与归经：辛，温；有小毒。归脾、胃、大肠经。

功　　效：用于除湿化滞。

采收和储藏：夏、秋二季花开时采挖，洗净，晒干。

混　伪　品：丛枝蓼 *Polygonum posumbu*。

蒲公英

科名：Compositae	**药名：**蒲公英
种名：*Taraxacum mongolicum* Hand.-Mazz.	**别名：**苦菜

药用部位：全草。

植物特征：

干燥成品识别：蒲公英干燥全草呈皱缩卷曲的团块。根呈圆锥状，多弯曲；表面棕褐色，抽皱；叶基生，多皱缩破碎，完整叶片呈倒披针形，绿褐色或暗灰绿色，边缘浅裂或羽状分裂，基部渐狭，下延呈柄状，下表面主脉明显。花茎1至数条，每条顶生头状花序，总苞片多层，内面一层较长，花冠黄褐色或淡黄白色。瘦果，长椭圆形，具多数白色冠毛的。气微，味微苦。

野外识别：多年生草本。根颈部密被黑褐色残存叶基。叶常狭倒卵形、长椭圆形。花葶多数，长于叶，顶端被丰富的蛛丝状毛，基部常显红紫色；头状花序；总苞宽钟状，绿色，先端渐尖、无角；外层总苞片披针形，反卷；内层总苞片长于外层总苞片；舌状花亮黄色，花冠喉部及舌片下部的背面密生短柔毛,边缘花舌片背面有紫色条纹,柱头暗黄色。瘦果浅黄褐色,中部以上有大量小尖刺,其余部分具小瘤状突起,顶端突然缢缩为喙基,喙纤细;冠毛白色。花果期 6~8 月。

生　　境: 广泛生于中、低海拔地区的山坡草地、路边、田野、河滩。

濒危等级: 无危(LC)。

性味与归经: 苦、甘,寒。归肝、胃经。

功　　效: 用于清热解毒,消肿散结,利尿通淋。

采收和储藏: 春至秋季花初开时采挖,除去杂质,洗净,晒干。

混 伪 品: 苦苣菜 *Sonchus oleraceus*、剪刀股 *Ixeris japonica*、一点红 *Emilia sonchifolia*、毛大丁草 *Gerbera piloselloides*。

田基黄

科名: Hypericaceae	**药名:** 地耳草
种名: *Hypericum japonicum* Thunb. ex Murray	**别名:** 小元宝草、四方草、雀舌草

药用部位: 全草。

植物特征:

干燥成品识别: 田基黄叶对生,无柄;展开叶片卵圆形,全缘,具腺点,基出脉 3~5 条。聚伞花序顶生,花小,橙黄色,萼片、花瓣均为 5。茎单一或基部分枝,黄棕色;质脆,易折断,断面中空。根须状,黄褐色。无臭,味稍苦。

野外识别: 一年生或多年生草本。茎单一或多少簇生,直立或外倾或匍地而在基部生根,具 4 纵线棱,散布淡色腺点。叶无柄,先端近锐尖至圆形,基部心形抱茎至截形,边缘全缘,坚纸质,上面绿色,下面淡绿但有时带苍白色,具 1 条基生主脉和 1~2 对侧脉,但无明显脉网,无边缘生的腺点,全面散布透明腺点。花蕾圆柱状椭圆形,先端稍钝;萼片全缘,无边缘生的腺点,全面散生有透明腺点或腺条纹,果时直伸。花瓣白色、淡黄至橙黄色,先端钝形,无腺点,宿存。雄蕊不成束,宿存,花药黄色,具松脂状腺体。子房 1 室;花柱自基部离生,开展。蒴果短圆柱形至圆球形,无腺条纹。种子淡黄色,圆柱形,两端锐尖,无龙骨状突起和顶端的附属物,全面有细蜂窝纹。花期 3~月,果期 6~10 月。

生　　境：生于海拔 0～2 800 米的田边、沟边、草地以及荒地上。

濒危等级：无危(LC)。

性味与归经：苦、辛，平。归肺、肝、胃经。

功　　效：用于清热解毒，止血消肿。

采收和储藏：春夏二季花开时采挖，洗净，晒干。

混伪品：无。

一点红

科名：Compositae　　**药名**：一点红

种名：*Emilia sonchifolia* (L.) DC.　　**别名**：红背叶、羊蹄草、红头草

药用部位：全草。

植物特征：

干燥成品识别：一点红叶多皱缩，展开后基生叶呈琴状分裂，灰绿色，先端裂片大，近三角形，基部抱茎，边缘具疏钝齿；茎生叶渐狭。头状花序排成聚伞状，总苞圆柱形，苞片 1 层，呈条状披针形。管状花棕黄色，冠毛白色。瘦果狭矩圆形，有棱。茎细圆柱形，表面暗绿色，下部被茸毛。根细而弯曲，有须根。气微，味苦。

野外识别：一年生草本，根垂直。茎自基部分枝，灰绿色。叶质较厚，下部叶密集，大头羽状分裂，顶生裂片大，宽卵状三角形，具不规则的齿，上面深绿色，下面常变紫色，两面被短卷毛；中部茎叶疏生，较小，披针形，无柄，基部箭状抱茎，顶端急尖；上部叶少数，线形。头状花序，在开花前下垂，花后直立，在枝端排列成疏伞房状；花序梗细，无苞片，总苞圆柱形，基部无小苞片；总苞片 1 层，长圆状线形，黄绿色，顶端渐尖，边缘窄膜质，背面无毛。瘦果 5 深裂，圆柱形，具 5 棱，肋间被微毛；冠毛丰富，白色，细软。花果期 7～10 月。

生　　境：常生于海拔 800～2 100 米的山坡荒地、田埂、路旁。

濒危等级：无危(LC)。

性味与归经：微苦，凉。归肝、肺、膀胱经。

功　　效：用于清热解毒，消炎利尿。

采收和储藏：夏、秋二季采挖，晒干。

混 伪 品：无。

蕺菜

科名：Saururaceae　　**药名：**鱼腥草

种名：*Houttuynia cordata* Thunb　　**别名：**蕺菜、狗贴耳、侧耳根

药用部位：全草。

植物特征：

干燥成品识别：蕺菜叶片卷折皱缩，展平后呈心形，上表面暗黄绿色至暗棕色，下表面灰绿色或灰棕色。穗状花序黄棕色。茎呈扁圆柱形，扭曲，表面黄棕色，具纵棱数条；质脆，易折断。具鱼腥气，味涩。

野外识别：腥臭草本。茎呈圆柱形，上部绿色或紫红色，下部白色且生有须根，节明显。叶互生，心形，薄纸质，全缘，顶端短渐尖，基部心形；上表面绿色，密生腺点，背面常呈紫红色；叶脉5～7条；托叶膜质，顶端钝，且常有缘毛，基部扩大，略抱茎。叶柄细长，基部与托叶合生成鞘状。穗状花序顶生，雄蕊长于子房。蒴果顶端有宿存的花柱。花期4～7月。

生　　境：生于沟边、溪边或林下湿地上。

濒危等级：无危(LC)。

性味与归经：辛，微寒。归肺经。

功　　效：用于清热解毒，消痈排脓，利尿通淋。

采收和储藏：鲜品全年均可采割；干品夏季茎叶茂盛花穗多时采割，除去杂质，晒干。

混 伪 品：巴东过路黄 *Lysimachia patungensis*。

地锦

科名： Araliaceae　　**药名：** 地锦草

种名： *Euphorbia humifusa* Willd. ex Schlecht.　　**别名：** 铺地绵

药用部位： 全草。

植物特征：

干燥成品识别： 地锦草常皱缩。单叶对生；叶片展平后呈长椭圆形，先端钝圆，基部偏斜，边缘具小锯齿。杯状聚伞花序腋生，细小。蒴果三棱状球形，表面光滑。种子细小，卵形，褐色。茎细，呈叉状分枝，表面带紫红色；质脆，易折断，断面黄白色，中空。根细小。气微，味微涩。

野外识别： 一年生草本。根纤细，常不分枝。茎匍匐，自基部以上多分枝，偶尔先端斜向上伸展，基部常红色，被柔毛。叶对生，椭圆形，先端钝圆，基部偏斜，边缘常于中部以上具细锯齿；叶面绿色，两面被疏柔毛；叶柄极短。花序单生于叶腋；总苞陀螺状，边缘4裂，裂片三角形；腺体4，矩圆形。雄花数枚，近与总苞边缘等长；雌花1枚，子房柄伸出至总苞边缘；子房三棱状卵形，光滑无毛；花柱3，分离；柱头2裂。蒴果三棱状卵球形，花柱宿存。种子三棱状卵球形，灰色。花果期5～10月。

生　　境： 生于原野荒地、路旁、田间、沙丘、海滩、山坡等地。

濒危等级： 无危(LC)。

性味与归经： 辛，平。归肝、大肠经。

功　　效： 用于清热解毒，凉血止血，利湿退黄。

采收和储藏： 夏、秋二季采收，除去杂质，晒干。

混 伪 品： 无。

第三节　果实类植物

金樱子

科名：Rosaceae	药名：金樱子
种名：*Rosa laevigata* Michx.	别名：糖刺果

药用部位：成熟果实。

植物特征：

干燥成品识别：金樱子干燥成熟的果实实际为花托发育而成的假果，呈倒卵形。表面红黄色或红棕色，有突起的棕色小点，系毛刺脱落后的残基。顶端有盘状花萼残基，中央有黄色柱基，下部渐尖。质硬。切开后，内有多数坚硬的小瘦呆，内壁及瘦果均有淡黄色绒毛。气微，味甘、微涩。

野外识别：常绿攀援灌木。小枝粗壮，散生扁弯皮刺，无毛，幼时被腺毛，老时逐渐脱落减少。小叶革质，常 3，稀 5；小叶片边缘有锐锯齿，上面亮绿色，无毛，下面黄绿色，幼时沿中肋有腺毛；小叶柄和叶轴有皮刺和腺毛。花单生于叶腋；花梗和萼筒密被腺毛，随果实成长变为针刺；萼片卵状披针形，先端呈叶状，边缘羽状浅裂或全缘，常有刺毛和腺毛，内面密被柔毛，比花瓣稍短；花瓣白色，宽倒卵形，先端微凹；雄蕊多数；心皮多数，花柱离生，有毛，比雄蕊短很多。果紫褐色，外面密被刺毛，萼片宿存。花期 4～6 月，果期 7～11 月。

生　　境：生于海拔 200～1 600 米的向阳的山野、田边、溪畔灌木丛中。

濒危等级：无危(LC)。

性味与归经：酸、甘、涩，平。归肾、膀胱、大肠经。

功　　效：用于固精缩尿，固崩止带，涩肠止泻。

采收和储藏：每年 10～11 月，果实成熟变红时采收，干燥，除去毛刺。

混 伪 品：缫丝花 *Rosa roxburghii*。

连翘

科名：Oleaceae **药名：**连翘

种名：*Forsythia suspensa*（Thunb.）Vahl **别名：**黄花杆、黄寿丹

药用部位：果实。

植物特征：

干燥成品识别：连翘干燥果实呈卵形，稍扁，表面有不规则的纵皱纹和多数突起的小斑点，两面各有 1 条明显的纵沟。顶端锐尖。未成熟的连翘果实多不开裂，表面绿褐色，突起的灰白色小斑点较少；质硬；种子多数，黄绿色，细长，一侧有翅。成熟的连翘果实自顶端开裂或裂成两瓣，表面黄棕色或红棕色，内表面多为浅黄棕色，平滑，具一纵隔；质脆；种子棕色，多已脱落。气微香，味苦。

野外识别：落叶灌木。枝开展或下垂，棕色、棕褐色或淡黄褐色，小枝土黄色或灰褐色，略呈四棱形，疏生皮孔，节间中空，节部具实心髓。叶片卵形，先端锐尖，基部圆形至楔形，叶缘除基部外具锯齿，上面深绿色，下面淡黄绿色，两面无毛。花着生于叶腋，先于叶开放；花萼绿色，裂片长圆形，边缘具睫毛，与花冠管近等长；花冠黄色，裂片倒卵状长圆形；果椭圆形，先端喙状渐尖，表面疏生皮孔。花期 3～4 月，果期 7～9 月。

生　　境：生于海拔 250～2 200 米的山谷、山沟疏林、山坡灌丛、林下或草丛中。

濒危等级：无危(LC)。

性味与归经：苦，微寒。归肺、心，小肠经。

功　　效：用于消肿散结，疏散风热。

采收和储藏：秋季果实初熟或果实熟透时采收，除去杂质，蒸熟，晒干。

混 伪 品：金钟花 *Forsythia viridissima*。

枫香树

科名: Hamamelidaceae　　**药名:** 路路通

种名: *Liquidambar formosana* Hance　　**别名:** 枫香果、三角枫、鸡爪枫、大叶枫。

药用部位: 成熟果序。

植物特征:

干燥成品识别: 枫香树干燥成熟果序为聚花果,由多数小蒴果集合而成,呈球形。基部有总果梗。表面灰棕色或棕褐色,有多数尖刺及喙状小钝刺,常折断,小蒴果顶部开裂,呈蜂窝状小孔。体轻,质硬,不易破开。气微,味淡。

野外识别: 落叶乔木。树皮灰褐色,方块状剥落;小枝干后灰色,被柔毛,略有皮孔;芽体卵形,略被微毛,鳞状苞片敷有树脂,干后棕黑色,有光泽。叶薄革质,阔卵形,掌状3裂,先端尾状渐尖;两侧裂片平展;基部心形;上面绿色,干后灰绿色,不发亮;掌状脉3～5条,网脉明显可见;边缘有锯齿,齿尖有腺状突;叶柄常有短柔毛;托叶线形,红褐色,被毛,早落。雄性短穗状花序常多个排成总状,雄蕊多数。雌性头状花序。头状果序圆球形,木质;蒴果下半部藏于花序轴内,有宿存花柱及针刺状萼齿。种子多数,褐色。

生　　境: 多生于平地,村落附近,及低山的次生林,性喜阳光。

濒危等级: 无危(LC)。

性味与归经: 苦,平。归肝、肾经。

功　　效: 用于祛风活络,利水通经。

采收和储藏: 冬季果实成熟后采收,除去杂质,干燥。

混 伪 品: 无。

罗汉果

科名: Cucurbitaceae　　**药名:** 罗汉果

种名: *Siraitia grosvenorii* (Swingle) C. Jeffrey ex Lu et Z. Y. Zhang　　**别名:** 光果木鳖

药用部位：果实。

植物特征：

干燥成品识别：罗汉果呈卵形、椭圆形或球形。表面褐色，有深色斑块和黄色柔毛。顶端有花柱残痕，基部有果梗痕。体轻，质脆，果皮薄，易破。果瓤海绵状，浅棕色。种子扁圆形，多数；浅红色至棕红色，两面中间微凹陷，四周有放射状沟纹，边缘有槽。气微，味甜。

野外识别：攀援草本。根多年生，肥大；茎、枝稍粗壮，有棱沟；茎、枝、叶柄、叶和果实被黄褐色柔毛和黑色疣状腺鳞。叶片膜质，卵形心形，边缘微波状；卷须稍粗壮，2 歧。雌雄异株。雄花序总状；花萼筒宽钟状，裂片 5，具 3 脉；花冠黄色，被黑色腺点，长圆形；雄蕊 5。果实球形，果皮较薄，干后易脆。种子多数，淡黄色，近圆形，扁压状。花期 5～7 月，果期 7～9 月。

生　　境：常生于海拔 400～1 400 米的山坡林下及河边湿地、灌丛。

濒危等级：近危(NT)。

性味与归经：甘，凉。归肺、大肠经。

功　　效：用于清热润肺，利咽开音，滑肠通便。

采收和储藏：秋季果实由嫩绿色变深绿色时采收，晾数天后，低温干燥。

混 伪 品：山橙 *Melodinus suaveolens*。

贴梗海棠

科名：Rosaceae	**药名**：木瓜
种名：*Chaenomeles speciosa* (Sweet) Nakai	**别名**：海棠、皱皮木瓜

药用部位：近成熟果实。

植物特征：

干燥成品识别：木瓜干燥果实长圆形，多纵剖成两半。外表面紫红色或红棕色，有不规则的深皱纹；剖面边缘向内卷曲，果肉红棕色，中心部分凹陷，棕黄色；种子扁长三角形，多脱落。质坚硬。气微清香，味酸。

野外识别：落叶灌木。枝条直立开展，有刺；小枝圆柱形，微屈曲，无毛，紫褐色，疏生浅褐色皮孔；冬芽三角卵形，先端急尖，紫褐色。叶片卵形，先端急尖稀圆钝，基部楔形，边缘具尖锐锯齿;托叶大形,草质,边缘有尖锐重锯齿,无毛。花先叶开放;花梗短粗;萼筒钟状,外面无毛;萼片直立。花瓣倒卵形或近圆形,基部延伸成短爪,猩红色;花柱5,基部合生,柱头头状。果实球形或卵球形,黄色,有稀疏不显明斑点,味芳香;花期3~5月,果期9~10月。

生　　境: 栽培种。

濒危等级: 无危(LC)。

性味与归经: 酸,温。归肝、脾经。

功　　效: 用于舒筋活络,和胃化湿。

采收和储藏: 夏、秋二季果实绿黄时采收,置沸水中烫至外皮灰白色,对半纵剖,晒干。

混 伪 品: 榅桲 *Cydonia oblonga*。

女贞

科名: Oleaceae	**药名:** 女贞子
种名: *Ligustrum lucidum* Ait.	**别名:** 青蜡树、大叶蜡树、白蜡树、蜡树

药用部位: 成熟果实。

植物特征:

干燥成品识别: 女贞子呈卵形、椭圆形或肾形。表面黑紫色或灰黑色,皱缩不平,基部有果梗痕或具宿萼及短梗。体轻。外果皮薄,中果皮较松软,易剥离,内果皮木质,黄棕色,具纵棱,破开后种子通常为1粒,肾形,紫黑色,油性。气微,味甘、微苦涩。

野外识别: 灌木或乔木。树皮灰褐色。枝黄褐色、灰色或紫红色,圆柱形,疏生圆形或长圆形皮孔。叶片常绿,革质,先端尖,基部圆形,叶缘平坦,上面光亮,两面无毛,中脉在上面凹入,下面凸起;叶柄上面具沟,无毛。圆锥花序顶生;花序轴及分枝轴无毛,紫色或黄棕色,果时具棱;花序基部苞片常与叶同型,小苞片披针形或线形,凋落;花萼无毛,齿不明显或近截形;花药长圆形;花柱柱头棒状。果肾形,深蓝黑色,成熟时呈红黑色,被白粉。花期5~7月,果期7月至翌年5月。

生　　境: 生于海拔2 900米以下疏、密林中。

濒危等级: 无危(LC)。

性味与归经: 甘、苦,凉。归肝、肾经。

功　　效： 用于滋补肝肾，明目乌发。

采收和储藏： 冬季果实成熟时采收，除去枝叶，稍蒸或置沸水中略烫后，干燥；或直接干燥。

混 伪 品： 小叶女贞 *Ligustrum quihoui*、鸦胆子 *Brucea javanica*。

橄榄

科名： Burseraceae	**药名：** 青果
种名： *Canarium album* (Lour.) Raeusch.	**别名：** 青果、山榄、白榄、红榄、青子

药用部位： 成熟果实。

植物特征：

干燥成品识别： 橄榄干燥成熟果实呈纺锤形，两端钝尖。表面棕黄色或黑褐色，有不规则皱纹。果肉灰棕色或棕褐色，质硬。果核梭形，暗红棕色，具纵棱；内分 3 室，各有种子 1 粒。气微，果肉味涩，久嚼微甜。

野外识别： 乔木。小枝幼部被黄棕色绒毛；小叶 3～6 对，纸质至革质，背面有极细小疣状突起；先端渐尖；基部偏斜，全缘；中脉发达。花序腋生；雄花序为聚伞圆锥花序；雌花序为总状。花萼在雄花上具 3 浅齿，在雌花上近截平；雄蕊 6，无毛；花盘在雄花中球形至圆柱形，微 6 裂；在雌花中环状，略具 3 波状齿，厚肉质，内面有疏柔毛。雌蕊密被短柔毛。果萼扁平，萼齿外弯。果卵圆形至纺锤形，横切面近圆形，无毛，成熟时黄绿色；外果皮厚，干时有皱纹；果核渐尖，横切面圆形至六角形，在钝的肋角和核盖之间有浅沟槽，核盖有稍凸起的中肋，外面浅波状。花期 4～5 月，果期 10～12 月。

生　　境： 野生于海拔 1 300 米以下的沟谷和山坡杂木林中，或栽培于庭园、村旁。

濒危等级： 无危(LC)。

性味与归经： 甘、酸，平。归肺、胃经。

功　　效： 用于清热解毒，利咽生津。

采收和储藏： 秋季果实成熟时采收，干燥。

混 伪 品： 胖大海 *Sterculia lychnophora*、木犀榄 *Olea europaea*。

桑

科名：Moraceae　　药名：桑椹
种名：*Morus alba* L.　　别名：家桑

药用部位：果穗。

植物特征：

干燥成品识别：桑的干燥果穗为聚花果，由多数小瘦果集合而成，呈长圆形。黄棕色、棕红色或暗紫色，有短果序梗。小瘦果卵圆形，稍扁，外具肉质花被片 4 枚。气微，味微酸而甜。

野外识别：参见第 64 页“桑”。

生　　境：多为栽培种。

濒危等级：无危(LC)。

性味与归经：甘、酸，寒。归心、肝、肾经。

功　　效：用于滋阴补血，生津润燥。

采收和储藏：4～6 月果实变红时采收，晒干，或略蒸后晒干。

混 伪 品：无。

沙棘

科名：Elaeagnaceae　　药名：沙棘
种名：*Hippophae rhamnoides* L.　　别名：醋柳、酸刺、达日布

药用部位：成熟果实。

植物特征：

干燥成品识别：沙棘干燥成熟果实呈类球形或扁球形，有的数个粘连。表面橙黄色或棕红色，皱缩，顶端有残存花柱，基部具短小果梗或果梗痕。果肉油润，质柔软。种子斜卵形；表面褐色，有光泽，中间有一纵沟；种皮较硬，种仁乳白色，有油性。气微，味酸、涩。

野外识别：落叶灌木或乔木。棘刺较多，粗壮；嫩枝褐绿色，密被银白色而带褐色鳞片或具白色星状柔毛，老枝灰黑色，粗糙；芽大，金黄色或锈色。单叶常近对生，与枝条着生相似，纸质，披针形，两端钝形或基部近圆形，上面绿色，初被柔毛，下面银白色，被鳞片；叶柄极短。果实圆球形，橙黄色；种子小，阔椭圆形，黑色或紫黑色，具光泽。花期4～5月，果期9～10月。

生　　境：常生于海拔800～3 600米温带地区向阳的山嵴、谷地、干涸河床地或山坡，多砾石或砂质土壤或黄土上。

濒危等级：无危(LC)。

性味与归经：酸、涩，温。归脾、胃、肺、心经。

功　　效：用于健脾消食，止咳祛痰，活血散瘀。

采收和储藏：秋、冬二季果实成熟或冻硬时采收，除去杂质，干燥或蒸后干燥。

混 伪 品：无。

砂仁

科名：Zingiberaceae	**药名：**砂仁
种名：*Amomum villosum* Lour.	**别名：**阳春砂仁

药用部位：成熟果实。

植物特征：

干燥成品识别：砂仁干燥成熟果实呈椭圆形，有不明显的三棱。表面棕褐色，密生刺状突起，顶端有花被残基，基部常有果梗。果皮薄而软。种子集结成团，具三钝棱，中有白色隔膜。种子为不规则多面体；表面棕红色或暗褐色，有细皱纹，外被淡棕色膜质假种皮；质硬，胚乳灰白色。气芳香而浓烈，味辛凉、微苦。

野外识别：茎散生；根茎匍匐地面，节上被褐色膜质鳞片。中部叶片长披针形，上部叶片线形，顶端尾尖，基部近圆形，两面光滑无毛；叶舌半圆形；叶鞘上有略凹陷的方格状网纹。穗状花序椭圆形，被褐色短绒毛；鳞片膜质，椭圆形；苞片披针形，膜质；小苞片管状，一侧有一斜口，膜质，无毛；花萼顶端具三浅齿，白色，基部被稀疏柔毛；裂片倒卵状长圆形，白色；唇瓣圆匙形，白色，顶端具二裂、反卷、黄色的小尖头，中脉凸起，黄色而染紫红，基部具两个紫色的痂状斑，具瓣柄；药隔附属体三裂，顶端裂片半圆形，两侧耳状；腺体2枚，圆柱形；子房被白色柔毛。蒴果椭圆形，成熟时紫红色，干后褐色，表面被不分裂或分裂的柔刺；种子多角形，有浓郁的香气，味苦凉。花期5～6月，果期8～9月。

生　　境：栽培或野生于山地荫湿之处。

濒危等级：无危(LC)。

性味与归经：辛，温。归脾、胃、肾经。

功　　效：用于化湿开胃，温脾止泻，理气安胎。

采收和储藏：夏、秋二季果实成熟时采收，晒干。

混　伪　品：益智 *Alpinia oxyphylla*、草豆蔻 *Alpinia katsumadai*、艳山姜 *Alpinia zerumbet*、疣果豆蔻 *Amomum muricarpum*。

山楂

科名：Rosaceae	药名：山楂
种名：*Crataegus pinnatifida* Bge.	别名：山里红

药用部位：成熟果实。

植物特征：

干燥成品识别：山楂的干燥成熟果实皱缩不平，外皮红色，具皱纹，有灰白色小斑点。果肉深黄色至浅棕色。中部横切片具5粒浅黄色果核，但核多脱落而中空。气微清香，味酸、微甜。

野外识别：落叶乔木。树皮粗糙，暗灰色；小枝圆柱形，疏生皮孔；冬芽三角卵形，无毛，紫色。叶片宽卵形，边缘有尖锐稀疏不规则重锯齿，上面暗绿色有光泽，下面沿叶脉有疏生短柔毛；叶柄无毛；托叶草质，镰形，边缘有锯齿。伞房花序具多花，总花梗和花梗均被柔毛；苞片膜质，线状披针形，边缘具腺齿，早落；萼筒钟状，外面密被灰白色柔毛；花瓣白色；雄蕊20，短于花瓣，花药粉红色；花柱3～5，基部被柔毛，柱头头状。果实近球形或梨形，深红色，有浅色斑点；小核3～5，外面稍具棱，内面两侧平滑；萼片脱落很迟，先端留一圆形深洼。花期5～6月，果期9～10月。

生　　境：生于海拔100～1 500米的山坡林边或灌木丛中。

濒 危 等 级: 无危(LC)。

性味与归经: 酸、甘,微温。归脾、胃、肝经。

功　　效: 用于消食健胃,行气散瘀,化浊降脂。

采收和储藏: 秋季果实成熟时采收,干燥。

混 伪 品: 云南山楂 *Crataegus scabrifolia*、湖北山楂 *Crataegus hupehensis*、豆梨 *Pyrus calleryana*、杜梨 *Pyrus betulifolia*。

梅

科名: Rosaceae	**药名:** 乌梅
种名: *Armeniaca mume* Sieb.	**别名:** 酸梅

药 用 部 位: 近成熟果实。

植 物 特 征:

干燥成品识别: 乌梅干燥近成熟果实呈类球形或扁球形,表面乌黑色或棕黑色,皱缩不平,基部有圆形果梗痕。果核坚硬,椭圆形,棕黄色,表面有凹点;种子扁卵形,淡黄色。气微,味极酸。

野外识别: 小乔木,稀灌木。树皮平滑;叶片常具小锐锯齿,灰绿色;叶柄常有腺体。花香味浓,先于叶开放;花梗短;花萼通常红褐色;萼筒宽钟形;花瓣倒卵形,白色至粉红色;果实近球形,子房和果实均密被柔毛。果肉与核粘贴;核椭圆形,两侧微扁,腹棱稍钝,腹面和背棱上均有明显纵沟,表面具蜂窝状孔穴。花期冬春季,果期5~6月。

生　　境: 中国各地均有栽培,但以长江流域以南各地最多。

濒 危 等 级: 无危(LC)。

性味与归经: 酸、涩,平。归肝、脾、肺、大肠经。

功　　效: 用于敛肺涩肠,生津,安蛔。

采收和储藏: 夏季果实近成熟时采收,低温烘干后闷至色变黑。

混 伪 品: 李 *Prunus salicina*。

无花果

科名：Moraceae	药名：无花果
种名：*Ficus carica* L.	别名：文仙果、奶浆果

药用部位：果实。

植物特征：

干燥成品识别：无花果干燥表皮深黄色，果肉松软、口感很甜。

野外识别：落叶灌木。多分枝；树皮灰褐色，皮孔明显；小枝直立，粗壮。叶互生，厚纸质，广卵圆形，长宽近相等，小裂片卵形，边缘具不规则钝齿，表面粗糙，背面密生细小钟乳体及灰色短柔毛，基部浅心形，基生侧脉3～5条，侧脉5～7对；叶柄粗壮；托叶卵状披针形，红色。雌雄异株，雄花和瘿花同生于一榕果内壁，雄花生内壁口部，花被片4～5，雄蕊3，瘿花花柱侧生，短；雌花花被与雄花同，子房卵圆形，光滑，花柱侧生，柱头2裂，线形。榕果单生叶腋，大而梨形，顶部下陷，成熟时紫红色或黄色，基生苞片3，卵形；瘦果透镜状。花果期5～7月。

生　　境：栽培种。

濒危等级：无危(LC)。

性味与归经：味甘、微辛，性平，有小毒。归肺、胃、大肠经。

功　　效：用于清热解毒，健脾开胃，消肿。

采收和储藏：夏季末期，多观察果实的颜色，待无花果浅紫色时及时采摘，自然干晒燥或放在通风处阴干。

混 伪 品：天仙果 *Ficus erecta* var. *beecheyana*。

五味子

科名：Schisandraceae	药名：五味子
种名：*Schisandra chinensis* (Turcz.) Baill.	别名：山花椒

药用部位： 成熟果实。

植物特征：

干燥成品识别： 五味子干燥成熟果实呈不规则的球形或扁球形，表面红色或暗红色，皱缩，显油润；果肉柔软，种子1～2，肾形，表面棕黄色，有光泽，种皮薄而脆；果肉气微，味酸；种子破碎后，有香气，味辛、微苦。

野外识别： 落叶木质藤本。幼叶背面被柔毛，芽鳞具缘毛；幼枝红褐色，老枝灰褐色，常起皱纹，片状剥落。叶膜质；叶柄两侧具极狭的翅。花被片粉白色，长圆形；花药无花丝；子房卵圆形，柱头鸡冠状，下端有附属体。聚合果，小浆果红色，果皮具不明显腺点；种子1～2粒，肾形，淡褐色，种皮光滑，种脐明显凹入呈U形。花期5～7月，果期7～10月。

生　　境： 生于海拔1 200～1 700米的沟谷、溪旁、山坡。

濒危等级： 无危(LC)。

性味与归经： 酸、甘、温。归肺、心、肾经。

功　　效： 用于收敛固涩，益气生津，补肾宁心。

采收和储藏： 秋季果实成熟时采摘，晒干，除去果梗和杂质。

混 伪 品： 南五味子 *Kadsura longipedunculata*、华中五味子 *Schisandra sphenanthera*、绿叶五味子 *Schisandra viridis*。

香橼

科名： Rutaceae	**药名：** 香橼
种名： *Citrus medica* L.	**别名：** 枸橼

药用部位： 成熟果实。

植物特征：

干燥成品识别： 香橼的干燥成熟果实呈圆形。横切片外果皮呈黄色或黄绿色，边缘呈波状，散有凹人的油点；中果皮呈黄白色，有不规则的网状突起的维管束；瓤囊10～17室。纵切片中心柱较粗壮。质柔韧。气清香，味微甜而苦辛。

野外识别：灌木或小乔木。具不规则分枝。新生嫩枝、芽及花蕾均暗紫红色，茎枝多刺，单叶，叶缘有浅钝裂齿，叶柄短。总状花序；花两性；花瓣5片；子房圆筒状，花柱粗长，柱头呈头状，果椭圆形，果皮淡黄色，粗糙，难剥离，棉质，松软，瓢囊10～15瓣，果肉无色，爽脆，味酸或略甜，有香气；种子小，平滑。花期4～5月，果期10～11月。

生　　境：中国多栽培。

濒危等级：无危(LC)。

性味与归经：辛、苦、酸，温。归肝、脾、肺经。

功　　效：用于疏肝理气，止咳化痰。

采收和储藏：秋季果实成熟时采收，趁鲜切片，晒干或低温干燥。

混 伪 品：柚 *Citrus maxima*、佛手 *Citrus medica* var. *sarcodactylis*。

余甘子

科名：Euphorbiaceae	药名：余甘子
种名：*Phyllanthus emblica* L.	别名：油甘子、余甘子、橄榄

药用部位：成熟果实。

植物特征：

干燥成品识别：余甘子干燥成熟果实呈球形或扁球形。表面棕褐色，有浅黄色颗粒状突起，具皱纹及不明显的6棱。外果皮质硬而脆。内果皮黄白色，硬核样，表面略具6棱，背缝线的偏上部有数条筋脉纹，干后可裂成6瓣，种子6，近三棱形，棕色。气微，味酸涩，回甜。

野外识别：乔木。树皮浅褐色；枝条具纵细条纹，被黄褐色短柔毛。叶片纸质至革质，二列，线状长圆形，边缘略背卷；托叶三角形，褐红色，边缘有睫毛。聚伞花序；萼片6；萼片膜质，黄色；雄蕊3，花药直立，长圆形，顶端具短尖头，药室平行，纵裂；花粉近球形；花盘腺体6，近三角形；花盘杯状；子房卵圆形，3室，花柱3，基部合生。蒴果呈核果状，圆球形，外果皮肉质，内果皮硬壳质；种子略带红色。花期4～6月，果期7～9月。

生　　境：生于海拔200～2 300米山地疏林、灌丛、荒地或山沟向阳处。

濒危等级：无危(LC)。

性味与归经：甘，酸、涩，凉。归肺、胃经。

功　　效： 用于清热凉血，消食健胃，生津止咳。

采收和储藏： 冬季至次春果实成熟时采收，除去杂质，干燥。

混 伪 品： 地枫皮 *Illicium difengpi*。

枣

科名： Rhamnaceae	**药名：** 大枣
种名： *Ziziphus jujube* Mill.	**别名：** 枣子、红枣

药用部位： 成熟果实。

植物特征：

干燥成品识别： 枣呈椭圆形或球形。表面暗红色，略带光泽，有不规则皱纹。基部凹陷，有短果梗。外果皮薄，中果皮棕黄色或淡褐色，肉质，柔软，富糖性而油润。果核纺锤形，两端锐尖，质坚硬。气微香，味甜。

野外识别： 落叶小乔木，稀灌木。树皮褐色；有长枝，短枝和无芽小枝，呈之字形曲折，具2个托叶刺，粗直，短刺下弯；短枝短粗，矩状，自老枝发出；当年生小枝绿色，下垂。叶纸质，卵形，基生三出脉；花黄绿色，两性，5基数，无毛，具短总花梗，腋生聚伞花序；萼片卵状三角形；花瓣倒卵圆形，基部有爪；花盘厚，肉质，圆形，5裂；核果成熟时红色，后变红紫色，中果皮肉质，厚，味甜；种子扁椭圆形。花期5～7月，果期8～9月。

生　　境： 中国广为栽培，一般生长于海拔1 700米以下的山区、丘陵或平原。

濒危等级： 无危(LC)。

性味与归经： 甘，温。归脾、胃、心经。

功　　效： 用于补中益气，养血安神。

采收和储藏： 秋季果实成熟时采收，晒干。

混 伪 品： 山茱萸 *Cornus officinalis*。

栀子

科名：Rubiaceae	药名：栀子
种名：*Gardenia jasminoides* Ellis	别名：黄果子、黄栀

药用部位：成熟果实。

植物特征：

干燥成品识别：栀子呈长卵圆形或椭圆形。表面红黄色或棕红色，具6条翅状纵棱，棱间常有1条明显的纵脉纹，并有分枝。顶端残存萼片，基部稍尖，有残留果梗。果皮薄而脆，略有光泽；内表面色较浅，有光泽，具2～3条隆起的假隔膜。种子多数，扁卵圆形，集结成团，深红色或红黄色，表面密具细小疣状突起。气微，味微酸而苦。

野外识别：灌木。嫩枝常被短毛，枝圆柱形，灰色。叶对生，革质，叶形多样，两面常无毛；托叶膜质。花芳香，常单朵生于枝顶；萼管有纵棱，萼檐管形，膨大，顶部常6裂，裂片披针形，结果时增长，宿存；花冠白色或乳黄色，高脚碟状，喉部有疏柔毛，冠管狭圆筒形，顶部常6裂，裂片广展，倒卵形；花丝极短，花药线形，伸出；花柱粗厚，柱头纺锤形，伸出，子房黄色，平滑。黄色或橙红色；种子多数，扁，近圆形而稍有棱角。花期3～7月，果期5月至翌年2月。

生　　境：生于海拔10～1 500米处的旷野、丘陵、山谷、山坡、溪边的灌丛或林中。

濒危等级：无危(LC)。

性味与归经：苦，寒。归心、肺、三焦经。

功　　效：用于泻火除烦，清热利湿，凉血解毒。

采收和储藏：每年9～11月，果实成熟呈红黄色时采收，蒸至上气后3分钟，取出，干燥。

混 伪 品：香果树 *Emmenopterys henryi*。

酸橙

科名：Rutaceae	药名：枳壳、枳实
种名：*Citrus aurantium* L.	别名：香橙

药用部位： 幼果。

植物特征：

干燥成品识别： 酸橙呈半球形。外果皮棕褐色至褐色，有颗粒状突起和皱纹，突起的顶端有凹点状油室；有明显的花柱残迹或果梗痕。切面中果皮略隆起，光滑，黄白色或黄褐色，边缘散有1～2列油室，瓤囊7～12瓣，少数至15瓣，汁囊干缩呈棕色至棕褐色，内藏种子。质坚硬，不易折断。气清香，味苦、微酸。

野外识别： 小乔木。枝叶茂密，刺多。叶色浓绿，质地颇厚，翼叶倒卵形，基部狭尖。总状花序；花大小不等；雄蕊常基部合生成多束。果皮厚，难剥离，橙黄至朱红色，果肉味酸；种子多且大，常有肋状棱，子叶乳白色。花期4～5月，果期9～12月。

生　　境： 秦岭南坡以南各地常栽培种，也有半野生种。

濒危等级： 无危(LC)。

性味与归经： 苦、辛、酸，微寒。归脾、胃经。

功　　效： 用于理气宽中，行滞消胀。

采收和储藏： 【枳壳】7月果皮尚绿时采收，自中部横切为两半，晒干或低温干燥。【枳实】5～6月收集自落的果实，自中部横切为两半，晒干或低温干燥，较小者直接晒干或低温干燥。

混 伪 品： 柚 *Citrus maxima*。

野胡萝卜

科名： Umbelliferae　　**药名：** 南鹤虱

种名： *Daucus carota* L. var. *carota*　　**别名：** 红萝卜、黄萝卜、山萝卜、野萝卜

药用部位： 成熟果实。

植物特征：

干燥成品识别： 野胡萝卜的干燥成熟果实为双悬果，呈椭圆形，多裂为分果。表面淡绿棕色或棕黄色，顶端有花柱残基，基部钝圆，背面隆起，具4条窄翅状次棱，翅上密生1列黄白色钩刺，次棱间的凹下处有不明显的主棱，其上散生短柔毛，接合面平坦，有3条脉纹，上具柔毛。种仁类白色，有油性。体轻。搓碎时有特异香气，味微辛、苦。

野外识别： 二年生草本。茎单生，全体有白色粗硬毛。基生叶薄膜质，长圆形；茎生叶近无柄，有叶鞘。复伞形花序，有糙硬毛；总苞有多数苞片，呈叶状，羽状分裂，裂片线形；伞辐多数；花柄不等长。果实圆卵形，棱上有白色刺毛。花期5～7月。

生　　境： 生长于山坡路旁、旷野或田间。

濒危等级： 无危(LC)。

性味与归经： 苦、辛，平；有小毒。归脾、胃经。

功　　效： 用于杀虫消积。

采收和储藏： 秋季果实成熟时打下果实，晒干，除去杂质。

混 伪 品： 胡萝卜 *Daucus carota* var. *sativa*。

长序木通

科名： Lardizabalaceae　　**药名：** 木通

种名： *Akebia longeracemosa* Matsumura　　**别名：** 八月瓜藤

药用部位： 近成熟果实。

植物特征：

干燥成品识别： 长序木通的干燥近成熟果实呈长椭圆形，稍弯曲。表面黄棕色或黑褐色，有不规则的深皱纹，顶端钝圆，基部有果梗痕。质硬，破开后，果瓤淡黄色或黄棕色；种子多数，扁长卵形，黄棕色或紫褐色，具光泽，有条状纹理。气微香，味苦。

野外识别： 常绿木质藤本。茎皮干时灰褐色，有纵线纹，散生圆形的皮孔；枝纤细。掌状复叶具长柄；叶枝纤细；小叶近革质，长圆形，全缘；基部具三出脉。总状花序。雄花：花梗纤细，小苞片狭线形，锥尖，萼片椭圆状长圆形，开花时下反，花丝短。雌花：心皮6～9枚，圆柱形；退化雄蕊小。果长圆形，熟时紫红色，果皮干后纵向皱缩。花期3～4月，果期8月。

生　　境：生于海拔 300～1 600 米的山地常绿林中。

濒 危 等 级：无危(LC)。

性味与归经：苦，寒。归肝、胆、胃、膀胱经。归心，小肠，膀胱经。

功　　效：用于利尿，理气，通经下乳。

采收和储藏：夏、秋二季果实绿黄时采收，晒干。

混 伪 品：巴戟天 *Morinda officinalis*、白木通 *Akebia trifoliata* subsp. *australis*。

牛蒡

科名：Compositae	药名：牛蒡子
种名：*Arctium lappa* L.	别名：大耳朵草

药 用 部 位：成熟果实。

植 物 特 征：

干燥成品识别：牛蒡的干燥成熟果实呈长倒卵形，略扁，微弯曲。表面灰褐色，带紫黑色斑点，有数条纵棱，通常中间 1～2 条较明显。顶端钝圆，稍宽，顶面有圆环，中间具点状花柱残迹；基部略窄，着生面色较淡。果皮较硬，子叶 2，淡黄白色，富油性。气微，味苦后微辛而稍麻舌。

野外识别：二年生草本。具粗大的肉质直根，有分枝支根。茎直立，粗壮，通常带淡紫红色，被稀疏的毛并混以棕黄色的小腺点。基生叶宽卵形，两面异色。头状花序，在茎枝顶端排成疏松的伞房花序或圆锥状伞房花序。总苞卵形，总苞片多层；全部苞近等长，顶端有软骨质钩刺。小花紫红色，外面无腺点。瘦果倒长卵形，两侧压扁，浅褐色，有多数细脉纹。冠毛多层，浅褐色；冠毛刚毛糙毛状，不等长，分散脱落。花果期 6～9 月。

生　　境：生于海拔 750～3 500 米的山坡、山谷、树林、灌木丛中、河边潮湿地、村庄路旁或荒地。

濒 危 等 级：无危(LC)。

性　　味：辛、苦，寒。归肺、胃经。

功　　效：用于疏散风热，宣肺透疹，解毒利咽。

采收和储藏：秋季果实成熟时采收果序，晒干。

混 伪 品：云木香 *Saussurea costus*。

枸杞

科名：Solanaceae
种名：*Lycium chinense* Mill.
药名：枸杞子
别名：红果子

药用部位：成熟果实。

植物特征：

干燥成品识别：枸杞的干燥成熟果实呈类纺锤形。表面红色或暗红色，顶端有小突起状的花柱痕，基部有白色的果梗痕。果皮柔韧，皱缩；果肉肉质，柔润。种子20～50粒，类肾形，扁而翘，表面浅黄色或棕黄色。气微，味甜。

野外识别：参见第25页“枸杞”

生境：生于山坡、荒地、丘陵地、盐碱地、路旁及村边宅旁。

濒危等级：无危（LC）。

性味与归经：甘，平。归肝、肾经。

功效：用于滋补肝肾，益精明目。

采收和储藏：夏、秋二季果实呈红色时采收，烘干后除去果梗；或晒干后除去果梗。

混伪品：珊瑚樱 *Solanum pseudocapsicum*。

栝楼

科名：Cucurbitaceae
种名：*Trichosanthes kirilowii* Maxim.
药名：瓜蒌、天花粉
别名：小栝楼

药用部位：成熟果实。

植物特征：

干燥成品识别：栝楼干燥成熟果实呈类球形或宽椭圆形。表面橙红色或橙黄色，皱缩或较光滑，顶端有圆形的花柱残基，基部略尖，具残存的果梗。轻重不一。质脆，易破开，内表面黄白色，有红黄色丝络，果瓤橙黄色，黏稠，与多数种子黏结成团。具焦糖气，味微酸、甜。

野外识别：参见第37页“栝楼”。

性味与归经： 甘、微苦，寒。归肺、胃、大肠经。

功　　效： 用于润肺化痰，润燥滑肠，用于肺热咳嗽。

采收和储藏： 秋季果实成熟时，连果梗剪下，置通风处阴干。

混 伪 品： 王瓜 *Trichosanthes cucumeroides*、长萼栝楼 *Trichosanthes laceribractea*、红花栝楼 *Trichosanthes rubriflos*。

夏枯草

科名：Labiatae	药名：夏枯草
种名：*Prunella vulgaris* L.	别名：铁色草、丝线吊铜钟、毛虫药

药 用 部 位： 果穗。

植 物 特 征：

干燥成品识别：夏枯草干燥果穗呈圆柱形，略扁，淡棕色至棕红色。全穗由数轮至10数轮宿萼与苞片组成，每轮有对生苞片2片，呈扇形，先端尖尾状，脉纹明显，外表面有白毛。每一苞片内有3朵花，花冠多已脱落，宿萼二唇形，内有小坚果4枚，卵圆形，棕色，先端有白色突起。体轻。气微，味淡。

野外识别：多年生草木。根茎匍匐，在节上生须根。茎钝四棱形，其浅槽紫红色。茎叶卵状长圆形，大小不等，下延至叶柄成狭翅，草质。轮伞花序密集组成顶生穗状花序；苞片宽心形，先端具骤尖头，膜质，浅紫色。花萼钟形，倒圆锥形，外面疏生刚毛，二唇形。花冠紫色，冠檐二唇形，上唇近圆形，呈盔状，先端微缺，3裂，近倒心脏形，先端边缘具流苏状小裂片。雄蕊4，彼此分离，无毛。花盘近平顶。子房无毛。小坚果黄褐色，长圆状卵珠形，微具沟纹。花期4～6月，果期7～10月。

生　　境： 生于荒坡、草地、溪边及路旁等湿润地上，海拔高可达3 000米。

濒 危 等 级： 无危(LC)。

性味与归经： 辛、苦，寒。归肝、胆经。

功　　效: 用于清肝泻火,明目,散结消肿。

采收和储藏: 夏季果穗呈棕红色时采收,除去杂质,晒干。

混 伪 品: 紫背金盘 *Ajuga nipponensis*、山菠菜 *Prunella asiatica*。

佛手

科名: Cucurbitaceae	药名: 佛手
种名: *Citrus medica* L. var. *sarcodactylis* Swingle	别名: 五指柑

药用部位: 果实。

植物特征:

干燥成品识别: 佛手的干燥果实为椭圆形的薄片,常皱缩或卷曲。顶端稍宽,常有3～5个手指状的裂瓣,基部略窄,有的可见果梗痕。外皮黄绿色,有皱纹和油点。果肉浅黄白色,散有凹凸不平的线状或点状维管束。质硬而脆,受潮后柔韧。气香,味微甜后苦。

野外识别: 不规则分枝的灌木或小乔木。新生嫩枝、芽及花蕾均暗紫红色,茎枝多刺。单叶;叶柄短,叶片椭圆形,叶缘有浅钝裂齿。总状花序,花两性;花瓣5片;子房圆筒状,花柱粗长,柱头头状,果皮淡黄色,粗糙,难剥离,棉质,松软,瓢囊10～15瓣,果肉无色,爽脆,有香气;种子小,平滑。花期4～5月,果期10～11月。

生　　境: 栽培种。

濒危等级: 无危(LC)。

性味与归经: 辛、苦、酸,温。归肝、脾、胃、肺经。

功　　效: 用于疏肝理气,和胃止痛,燥湿化痰。

采收和储藏: 秋季果实变黄时采收,切成薄片,晒干。

混 伪 品: 佛手瓜 *Sechium edule*、香橼 *Citrus medica*。

苍耳

科名： Compositae
种名： *Xanthium sibiricum* Patrin ex Widder
药名： 苍耳子
别名： 粘头婆、虱马头

药用部位： 成熟带总苞的果实。

植物特征：

干燥成品识别： 干燥的苍耳子呈纺锤形或卵圆形。表面黄棕色或黄绿色，全体有钩刺，顶端有2枚较粗的刺，分离或相连，基部有果梗痕。质硬而韧，横切面中央有纵隔膜，2室，各有1枚瘦果。瘦果略呈纺锤形，一面较平坦，顶端具1突起的花柱基，果皮薄，灰黑色，具纵纹。种皮膜质，浅灰色，子叶2，有油性。气微，味微苦。

野外识别： 一年生草本。根纺锤状。茎被灰白色糙伏毛。叶近全缘，边缘有不规则的粗锯齿，有三基出脉，脉上密被糙伏毛，上面绿色，下面苍白色，被糙伏毛；雄性的头状花序球形，总苞片长圆状披针形，被短柔毛，花托柱状，花冠钟形；雌性的头状花序椭圆形，外面有疏生的具钩状的刺，基部常有腺点；喙坚硬，锥形，上端略呈镰刀状，常不等长，少有结合而成1个喙。瘦果2，倒卵形。花期7～8月，果期9～10月。

生　　境： 常生长于平原、丘陵、低山、荒野路边、田边。

濒危等级： 无危(LC)。

性味与归经： 辛、苦，温；有毒。归肺经。

功　　效： 用于散风寒，通鼻窍，祛风湿。

采收和储藏： 秋季果实成熟时采收，干燥，除去梗、叶等杂质。

混　伪　品： 刺苍耳 *Xanthium spinosum*。

茴香

科名： Umbelliferae
种名： *Foeniculum vulgare* Mill.
药名： 小茴香
别名： 青芫荽

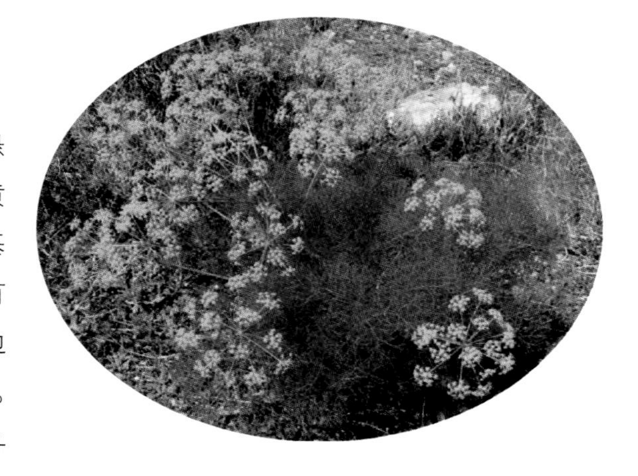

药用部位：成熟果实。

植物特征：

干燥成品识别：茴香的干燥成熟果实为双悬果，呈圆柱形，有的稍弯曲。表面黄绿色或淡黄色，两端略尖，顶端残留有黄棕色突起的柱基，基部有时有细小的果梗。分果呈长椭圆形，背面有纵棱5条，接合面平坦而较宽。横切面略呈五边形，背面的四边约等长。有特异香气，味微甜、辛。

野外识别：草本。茎直立，光滑，多分枝。叶片轮廓为阔三角形。复伞形花序；花柄纤细，不等长；无萼齿；花瓣黄色，倒卵形，先端有内折的小舌片，中脉1条；花丝略长于花瓣，花药卵圆形，淡黄色；花柱基圆锥形，花柱极短。果实长圆形，主棱5条，尖锐；每棱槽内有油管1，合生面油管2；胚乳腹面近平直或微凹。花期5～6月，果期7～9月。

生境：栽培种。

濒危等级：无危（LC）。

性味与归经：辛，温。归肝、肾、脾、胃经。

功效：用于散寒止痛，理气和胃。

采收和储藏：秋季果实初熟时采割植株，晒干，打下果实，除去杂质。

混伪品：红毒茴 *Illicium lanceolatum*、粽叶芦 *Thysanolaena maxima*、红茴香 *Illicium henryi*、大八角 *Illicium majus*、短柱八角 *Illicium brevistylum*、薄片变豆菜 *Sanicula lamelligera*、山香 *Hyptis suaveolens*、莳萝 *Anethum graveolens*、蛇床 *Cnidium monnieri*、野胡萝卜 *Daucus carota*。

使君子

科名：Combretaceae　　**药名**：使君子

种名：*Quisqualis indica* L.　　**别名**：留求子、史君子、四君子

药用部位：成熟果实。

植物特征：

干燥成品识别：使君子干燥成熟的果实呈椭圆形，具5条纵棱。表面黑褐色至紫黑色，平滑，微具光泽。顶端狭尖，基部钝圆，有明显圆形的果梗痕。质坚硬，横切面多呈五角星形，棱角处壳较厚，中间呈类圆形空腔。种子长椭圆形或纺锤形；表面棕褐色或黑褐色，有多数纵皱纹；种皮薄，易剥离；子叶2，黄白色，有油性，断面有裂隙。气微香，味微甜。

野外识别： 攀援状灌木。小枝被棕黄色短柔毛。叶片膜质，表面无毛，背面疏被棕色柔毛；叶柄幼时密生锈色柔毛。顶生穗状花序，组成伞房花序式；萼管被黄色柔毛；花瓣5，初为白色，后转淡红色；子房下位，胚珠3颗。果卵形，短尖，无毛，具明显的锐棱角5条，成熟时外果皮脆薄；种子1颗，白色，圆柱状纺锤形。花期初夏，果期秋末。

生　　境： 栽培种。

濒危等级： 无危(LC)。

性味与归经： 甘，温。归脾、胃经。

功　　效： 用于杀虫消积。

采收和储藏： 秋季果皮变紫黑色时采收，除去杂质，干燥。

混 伪 品： 无。

益母草

科名： Labiatae

种名： *Leonurus artemisia* (Laur.) S. Y. Hu

药名： 茺蔚子

别名： 艾草、益母艾、假青麻草、野麻、红艾

药用部位： 成熟果实。

植物特征：

干燥成品识别： 益母草干燥成熟果实呈三棱形。表面灰棕色至灰褐色，有深色斑点，一端稍宽，平截状，另一端渐窄而钝尖。果皮薄，子叶类白色，富油性。气微，味苦。

野外识别： 一年生或二年生草本，密生须根。茎直立，钝四棱形，微具槽，有倒向糙伏毛。叶轮廓变化很大，茎下部叶轮廓为卵形，掌状3裂，上面绿色，有糙伏毛，下面淡绿色，被疏柔毛及腺点；茎中部叶轮廓为菱形，较小。轮伞花序腋生，轮廓为圆球形，多数远离而组成长穗状花序；小苞片刺状，基部略弯曲，有贴生的微柔毛；花梗无。花萼管状钟形，外面有贴生微柔

毛,5脉,齿5。花冠粉红至淡紫红色,冠檐二唇形,上唇直伸,长圆形,全缘,边缘具纤毛,3裂,先端微缺,边缘薄膜质,基部收缩,侧裂片卵圆形,细小。雄蕊4。小坚果长圆状三棱形,基部楔形,淡褐色,光滑。花期6~9月,果期9~10月。

生　　境: 生长于多种生境,尤以阳处为多,海拔可高达3 400米。

濒危等级: 无危(LC)。

性味与归经: 辛、苦,微寒。归心包、肝经、膀胱经。

功　　效: 用于活血调经,清肝明目,头晕胀痛。

采收和储藏: 秋季果实成熟时采割地上部分,晒干,打下果实,除去杂质。

混 伪 品: 藜 *Chenopodium album*。

紫苏

科名: Labiatae　　**药名:** 紫苏子

种名: *Perilla frutescens* (L.) Britt.　　**别名:** 荏、红苏、香荽

药用部位: 成熟果实。

植物特征:

干燥成品识别: 紫苏的干燥成熟果实呈卵圆形或类球形。表面灰棕色或灰褐色,有微隆起的暗紫色网纹,基部稍尖,有灰白色点状果梗痕。果皮薄而脆,易压碎。种子黄白色,种皮膜质,子叶2,类白色,有油性。压碎有香气,味微辛。

野外识别: 一年生、直立草本。茎钝四棱形,具四槽,密被长柔毛。叶边缘有粗锯齿,两面绿色或紫色;叶柄密被长柔毛。苞片先端具短尖,外被红褐色腺点,无毛,边缘膜质;花梗密被柔毛。花萼钟形,夹有黄色腺点,萼檐二唇形,上唇宽大,3齿。花冠白色至紫红色,外面略被微柔毛,内面在下唇片基部略被微柔毛,冠筒短,喉部斜钟形,冠檐近二唇形,上唇微缺,下唇3裂,中裂片较大,侧裂片与上唇相近似。雄蕊4。花柱先端相等2浅裂。花盘前方呈指状膨大。小坚果近球形,灰褐色,具网纹。花期8~11月,果期8~12月。

生　　境: 栽培种。

濒危等级: 无危(LC)。

性味与归经: 辛,温。归肺经。

功　　效: 用于降气化痰,止咳平喘,润肠通便。

采收和储藏： 秋季果实成熟时采收，除去杂质，晒干。

混　伪　品： 回回苏 *Perilla frutescens* var. *crispa*。

白豆蔻

科名： Zingiberaceae	**药名：** 白蔻仁
种名： *Amomum kravanh* Pierre ex Gagnep.	**别名：** 白豆蔻

药用部位： 成熟果实。

植物特征：

干燥成品识别： 白豆蔻的干燥成熟果实呈类球形。表面黄白色至淡黄棕色，有3条较深的纵向槽纹，顶端有突起的柱基，基部有凹下的果柄痕，两端均具浅棕色绒毛。果皮体轻，质脆，易纵向裂开，内分3室，每室含种子约10粒；种子呈不规则多面体，背面略隆起，表面暗棕色，有皱纹，并被有残留的假种皮。气芳香，味辛凉略似樟脑。

野外识别： 茎丛生，茎基叶鞘绿色。叶片卵状披针形，两面光滑无毛，近无柄；叶舌圆形；叶鞘口及叶舌密被长粗毛。穗状花序自近茎基处的根茎上发出，圆柱形，密被覆瓦状排列的苞片；苞片三角形，麦秆黄色，具明显的方格状网纹；小苞片管状，一侧开裂；花萼管状，白色微透红，外被长柔毛，顶端具3齿，花冠管与花萼管近等长，裂片白色，长椭圆形；唇瓣椭圆形，中央黄色，内凹，边黄褐色，基部具瓣柄；雄蕊下弯，药隔附属体3裂；子房被长柔毛。蒴果近球形，略具钝3棱，有若干纵线条，顶端及基部有黄色粗毛，果皮木质，易开裂为3瓣；种子为不规则的多面体，暗棕色，种沟浅，有芳香味。花期5月，果期6～8月。

生　　境： 栽培种。

濒危等级： 无危(LC)。

性味与归经： 辛，温。归肺、脾、胃经。

功　　效： 用于化湿行气，温中止呕，开胃消食。

采收和储藏： 秋季，待果实变为黄绿色时采收，晒干即可。

混　伪　品： 砂仁 *Amomum villosum*、滑叶山姜 *Alpinia tonkinensis*。

大麦

科名： Poaceae　　**药名：** 麦芽
种名： *Hordeum vulgare* L.　　**别名：** 大麦芽、麦芽、草麦

药用部位： 成熟果实。

植物特征：

干燥成品识别： 麦芽呈梭形。表面淡黄色，背面为外稃包围，具5脉；腹面为内稃包围。除去内外稃后，腹面有1条纵沟；基部胚根处生出幼芽和须根，幼芽长披针状条形。须根数条，纤细而弯曲。质硬，断面白色，粉性。气微，味微甘。

野外识别： 一年生。秆粗壮，光滑无毛，直立。叶鞘松弛抱茎；两侧有两披针形叶耳；叶舌膜质；叶片扁平。穗状花序，小穗稠密，每节着生三枚发育的小穗；小穗均无柄（芒除外）；颖线状披针形，外被短柔毛，先端常延伸为芒；外稃具5脉，先端延伸成芒，边棱具细刺；内稃与外稃几等长。颖果熟时黏着于稃内，不脱出。

生　　境： 栽培种。

濒危等级： 无危（LC）。

性味与归经： 甘，平。归脾、胃经。

功　　效： 用于行气消食，健脾开胃，回乳消胀。

采收和储藏： 将麦粒用水浸泡后，保持适宜温、湿度，待幼芽长至约5毫米时，晒干。

混 伪 品： 小麦 *Triticum aestivum*。

稻

科名： Poaceae　　**药名：** 稻谷
种名： *Oryza sativa* L.　　**别名：** 糯米、粳米

药用部位：成熟果实。

植物特征：

干燥成品识别：稻干燥成熟果实呈扁长椭圆形，两端略尖。外稃黄色，有白色细茸毛，具5脉。质硬，断面白色，粉性。气微，味淡。

野外识别：年生水生草本。秆直立，高度随品种而异。叶鞘松弛，无毛；叶舌披针形，两侧基部下延长成叶鞘边缘，具2枚镰形抱茎的叶耳；叶片线状披针形，无毛，粗糙。圆锥花序大型疏展，分枝多，棱粗糙，成熟期向下弯垂；小穗含1成熟花，两侧甚压扁，长圆状卵形至椭圆形；颖极小，仅在小穗柄先端留下半月形的痕迹，退化外稃2枚，锥刺状；两侧孕性花外稃质厚，具5脉，中脉成脊，表面有方格状小乳状突起，厚纸质，遍布细毛端毛较密；内稃与外稃同质，具3脉，先端尖而无喙；雄蕊6枚；颖果。

生　　境：栽培种，中国南方广泛种植。

濒危等级：无危(LC)。

性味与归经：甘，温。归脾、胃经。

功　　效：用于消食和中，健脾开胃。

采收和储藏：秋季采收成熟果实，晒干，打下种子，除去杂质。

混 伪 品：薏苡 *Coix lacryma-jobi*。

第四节　花类植物

红花

科名：Compositae	药名：红花
种名：*Carthamus tinctorius* L.	别名：藏红花、红花草

药用部位： 花。

植物特征：

干燥成品识别： 红花干燥花为不带子房的管状花。表面红黄色或红色。花冠筒细长，先端5裂，裂片呈狭条形；雄蕊5，花药聚合成筒状，黄白色；柱头长圆柱形，顶端微分叉。质柔软。气微香，味微苦。

野外识别： 一年生草本。茎直立，全部茎枝白色，光滑，无毛。全部叶质地坚硬，革质，两面无毛无腺点，有光泽，基部无柄，半抱茎。头状花序多数，在茎枝顶端排成伞房花序，苞片椭圆形，边缘有针刺。总苞卵形，总苞片4层，外层竖琴状，中部或下部有收缢，收缢以上叶质，绿色，顶端渐尖，收缢以下黄白色；中内层硬膜质，顶端渐尖。全部苞片无毛无腺点。小花红色、橘红色，全部为两性。瘦果倒卵形，乳白色，有4棱。无冠毛。花果期5～8月。

生　　境： 广泛栽培。

濒危等级： 无危(LC)。

性味与归经： 辛，温。归心、肝经。

功　　效： 用于活血通经，散瘀止痛。

采收和储藏： 夏季花由黄变红时采摘，阴干或晒干。

混 伪 品： 无。

厚朴

科名: Magnoliaceae　　**药名:** 厚朴花
种名: *Magnolia officinalis* Rehd. et Wils.

药 用 部 位: 花蕾。

植 物 特 征:

干燥成品识别: 厚朴干燥花蕾呈长圆锥形,红棕色至棕褐色。花被多为12片,肉质,外层的呈长方倒卵形,内层的呈匙形。雄蕊多数,花药条形,淡黄棕色,花丝宽而短。心皮多数,分离,螺旋状排列于圆锥形的花托上。花梗长0.5~2厘米,密被灰黄色绒毛,偶无毛。质脆,易破碎。气香,味淡。

野外识别: 参见第65页"厚朴"。

生　　境: 生于海拔300~1 500米的山地林间。

濒 危 等 级: 无危(LC)。

性味与归经: 苦,微温。归脾、胃经。

功　　效: 用于芳香化湿,理气宽中。

采收和储藏: 春季花未开放时采摘,稍蒸后,晒干。

混 伪 品: 玉兰 *Magnolia denudata*、桂南木莲 *Manglietia chingii*、黄山木兰 *Magnolia cylindrica*、木莲 *Manglietia fordiana*、白兰 *Michelia alba*、桂南木莲 *Manglietia chingii*、荷花玉兰 *Magnolia grandiflora*、红色木莲 *Manglietia insignis*、乳源木莲 *Manglietia yuyuanensis*、油桐 *Vernicia fordii*、深山含笑 *Michelia maudiae*。

槐

科名: Papilionaceae　　**药名:** 槐花
种名: *Sophora japonica* L.　　**别名:** 槐花树、豆槐

药 用 部 位: 花及花蕾。

植 物 特 征:

干燥成品识别: 【槐花】槐的干燥花皱缩而卷曲,花瓣多散落。完整者花萼钟状,黄绿色,先端5浅裂;花瓣5,黄色或黄白色,1片较大,近圆形,先端微凹,其余4片长圆形。雄蕊10,其中9个基部

连合,花丝细长。雌蕊圆柱形,弯曲。体轻。气微,味微苦。【槐米】呈卵形或椭圆形,花萼下部有数条纵纹。萼的上方为黄白色未开放的花瓣。花梗细小。体轻,手捻即碎。气微,味微苦涩。

野外识别:乔木。树皮灰褐色,具纵裂纹。当年生枝绿色,无毛。羽状复叶;叶轴初被疏柔毛,旋即脱净;叶柄基部膨大,包裹着芽;托叶形状多变,早落;小叶 4～7 对,纸质,先端渐尖,基部稍偏斜,下面灰白色,初被疏短柔毛,旋变无毛;小托叶 2 枚,钻状。圆锥花序顶生;花萼浅钟状,萼齿 5,被灰白色短柔毛;花冠旗瓣近圆形,具短柄,有紫色脉纹,先端微缺,基部浅心形;雄蕊近分离,宿存;子房近无毛。荚果串珠状,种子排列较紧密,具肉质果皮,成熟后不开裂;种子卵球形,淡黄绿色,干后黑褐色。花期 7～8 月,果期 8～10 月。

生　　境:广泛栽培。

濒危等级:无危(LC)。

性味与归经:苦,微寒。归肝、大肠经。

功　　效:用于凉血止血,清肝泻火。

采收和储藏:夏季花开放或花蕾形成时采收,即使干燥,除去枝、梗及杂质。

混 伪 品:刺槐 *Robinia pseudoacacia*、茉莉花 *Jasminum sambac*。

鸡冠花

科名:Amaranthaceae　　**药名**:鸡冠花

种名:*Celosia cristata* L.　　**别名**:鸡公花、大鸡公苋

药用部位:花序。

植物特征:

干燥成品识别:鸡冠花的干燥花序为穗状花序,多扁平而肥厚,呈鸡冠状,上缘宽,具皱褶,密生线状鳞片,下端渐窄,常残留扁平的茎。表面红色、紫红色或黄白色。中部以下密生多数小花,每花宿存的苞片和花被片均呈膜质。果实盖裂,种子扁圆肾形,黑色,有光泽。体轻,质柔韧。气微,味淡。

野外识别：本种和青箱极相近，但叶片卵形、卵状披针形或披针形；花多数，极密生，成扁平肉质鸡冠状、卷冠状或羽毛状的穗状花序，一个大花序下面有数个较小的分枝，圆锥状矩圆形，表面羽毛状；花被片红色、紫色、黄色、橙色或红色黄色相间。花果期7～9月。

生　　境：栽培种。

濒危等级：无危(LC)。

性味与归经：甘、涩，凉。归肝、大肠经。

功　　效：用于收敛止血，止带，止痢。

采收和储藏：秋季花盛开时采收，硒干。

混 伪 品：无。

菊花

科名：Compositae　　**药名：**杭菊、白菊

种名：*Dendranthema morifolium*（Ramat.）Tzvel.　　**别名：**滁菊

药用部位：花序。

植物特征：

干燥成品识别：【亳菊】呈倒圆锥形，总苞碟状；总苞片草质，黄绿色或褐绿色，外面被柔毛，边缘膜质。花托半球形。舌状花数层，雌性，位于外围，类白色，劲直，上举，纵向折缩，散生金黄色腺点；管状花多数，两性，位于中央，为舌状花所隐藏，黄色，顶端5齿裂。瘦果不发育，无冠毛。体轻，质柔润，干时松脆。气清香，味甘、微苦。【滁菊】呈不规则球形。舌状花类白色，不规则扭曲，内卷，边缘皱缩，有时可见淡褐色腺点；管状花大多隐藏。【贡菊】呈扁球形。舌状花白色，斜升，上部反折，边缘稍内卷而皱缩，通常无腺点；管状花少，外露。【杭菊】呈碟形或扁球形，常数个相连成片。舌状花类白色或黄色，平展或微折叠，彼此粘连，通常无腺点；管状花多数，外露。

野外识别：多年生草本。茎直立，被柔毛。叶卵形至披针形，羽状浅裂或半裂，有短柄，叶下面被白色短柔毛。头状花序，总苞片多层，外层外面被柔毛。舌状花颜色各种。管状花黄色。

生　　境：栽培种。

濒危等级：无危(LC)。

性味与归经：甘、苦，微寒。归肺、肝经。

功　　效：用于散风清热，平肝明目，清热解毒。

混 伪 品：甘菊 *Dendranthema lavandulifolium*。

野菊

科名：Compositae　　药名：野菊花

种名：*Dendranthema indicum*（L.）Des Moul.　　别名：路边菊、山菊花

药用部位：花序。

植物特征：

干燥成品识别：干燥野菊花呈类球形，棕黄色。总苞由4～5层苞片组成，外层苞片卵形或条形，外表面中部灰绿色或浅棕色，通常被白毛，边缘膜质；内层苞片长椭圆形，膜质，外表面无毛。总苞基部有的残留总花梗。舌状花1轮，黄色至棕黄色，皱缩卷曲；管状花多数，深黄色。体轻。气芳香，味苦。

野外识别：多年生草本。有地下匍匐茎。茎枝被稀疏的毛，上部及花序枝上的毛较多。基生叶和下部叶花期脱落。中部茎叶卵形，羽状分裂，边缘有浅锯齿。两面同色，淡绿色。头状花序，多数在茎枝顶端排成疏松的伞房圆锥花序。总苞片约5层，外层卵形，中层卵形，内层长椭圆形。全部苞片边缘白色或褐色宽膜质，顶端钝。舌状花黄色。瘦果。花期6～11月。

生　　境：生于山坡草地、灌丛、河边水湿地、滨海盐渍地、田边及路旁。

濒危等级：无危（LC）。

性味与归经：苦、辛，微寒。归肝、心经。

功　　效：用于清热解毒，泻火平肝。

采收和储藏：秋、冬二季花初开放时采摘，晒干。

混 伪 品：甘菊 *Dendranthema lavandulifolium*。

款冬

科名：Compositae　　药名：款冬花

种名：*Tussilago farfara* L.　　别名：冬花、虎须

药用部位：花蕾。

植物特征：

干燥成品识别：款冬的干燥花蕾呈长圆棒状。单生或2～3个基部连生。上端较粗，下端渐细或带有短梗，外面被有多数鱼鳞状苞片。苞片外表面紫红色或淡红色，内表面密被白色絮状茸毛。体轻，撕开后可见白色茸毛。气香，味微苦而辛。

野外识别：多年生草本。根状茎横生地下，褐色。早春花叶抽出数个花葶，密被白色茸毛，有鳞片状，互生的苞叶，苞叶淡紫色。头状花序单生顶端，初时直立，花后下垂；总苞钟状，总苞片线形，常带紫色；边缘有多层雌花，花冠舌状，黄色，子房下位；柱头2裂；中央的两性花少数，花冠管状，顶端5裂；花药基部尾状；柱头头状，通常不结实。瘦果圆柱形；冠毛白色。后生出基生叶阔心形，具长叶柄，边缘有波状，顶端增厚的疏齿，掌状网脉，下面被密白色茸毛；叶柄被白色棉毛。

生　　境：常生于山谷湿地或林下。

濒危等级：无危(LC)。

性味与归经：辛、微苦，温。归肺经。

功　　效：用于润肺下气，止咳化痰。

采收和储藏：地冻前，当花尚未出土时采挖，除去花梗和泥沙，阴干。

混 伪 品：无。

玫瑰

科名：Rosaceae	**药名：**玫瑰
种名：*Rosa rugosa* Thunb.	**别名：**赤蔷薇、刺玫、刺玫瑰、刺玫花

药用部位：花蕾。

植物特征：

干燥成品识别：玫瑰干燥花蕾略呈不规则团状。残留花梗上被细柔毛，花托半球形，与花萼基部合生；萼片5，披针形，黄绿色或棕绿色，被有细柔毛；花瓣多皱缩，展平后宽卵形，呈覆瓦状排列，紫红色；雄蕊多数，黄褐色；花柱多数，柱头在花托口集成头状，略突出，短于雄蕊。体轻，质脆。气芳香浓郁，味微苦涩。

野外识别： 直立灌木。茎粗壮，丛生；小枝密被绒毛，并有针刺和腺毛。小叶片椭圆形，边缘有尖锐锯齿，上面无毛，下面密被绒毛和腺毛；叶柄和叶轴密被绒毛和腺毛；托叶大部贴生于叶柄。苞片卵形；花梗密被绒毛和腺毛；萼片卵状披针形，先端尾状渐尖，上面有稀疏柔毛，下面密被柔毛和腺毛；花瓣倒卵形，重瓣至半重瓣，芳香，紫红色至白色；花柱离生，被毛。果扁球形，砖红色，肉质，平滑，萼片宿存。花期5～6月，果期8～9月。

生　　境： 栽培种。

濒 危 等 级： 濒危(EN)。

性味与归经： 甘、微苦，温。归肝、脾经。

功　　效： 用于行气解郁，和血，止痛。

采收和储藏： 春末夏初花将开放时分批采摘，及时低温干燥。

混　伪　品： 钝叶蔷薇 *Rosa sertata*。

木棉

科名： Bombacaceae

种名： *Bombax malabaricum* DC.

药名： 木棉花

别名： 攀枝花、斑芝树、樊枝花、英雄树

药 用 部 位： 花。

植 物 特 征：

干燥成品识别： 木棉的干燥花常皱缩成团，花萼杯状，厚革质，顶端3或5裂，裂片钝圆形，反曲；外表面棕褐色，有纵皱纹，内表面被棕黄色短绒毛。花瓣5片，椭圆状倒卵形或披针状椭圆形；外表面浅棕黄色或浅棕褐色，密被星状毛，内表面紫棕色，有疏毛。雄蕊多数，基部合生呈筒状，最外轮集生成5束，柱头5裂。气微，味淡、微甘、涩。

野外识别： 落叶大乔木。树皮灰白色，幼树的树干通常有圆锥状的粗刺；分枝平展。掌状复叶，全缘，两面均无毛；托叶小。花单生枝顶叶腋，常红色；萼杯状，外面无毛，内面密被淡黄色短绢

毛,萼齿3～5,半圆形,花瓣肉质,倒卵状长圆形,二面被星状柔毛。蒴果长圆形,密被灰白色长柔毛和星状柔毛;种子多数,倒卵形,光滑。花期3～4月,果夏季成熟。

生　　境: 生长于海拔1 400(～1 700)米以下的干热河谷及稀树草原,也可生长在沟谷季雨林内,也可栽培作行道树。

濒危等级: 无危(LC)。

性味与归经: 甘、淡,凉。归大肠经。

功　　效: 用于清热解毒,利湿止痢。

采收和储藏: 春季花盛开时采收,除去杂质,晒干。

混 伪 品: 无。

紫玉兰

科名: Magnoliaceae	**药名:** 辛夷
种名: *Magnolia liliflora* Desr.	**别名:** 辛夷花、辛夷、木笔

药用部位: 花蕾。

植物特征:

干燥成品识别: 紫玉兰干燥的花蕾呈卵圆形,被淡黄色绢毛,多个花被片,外面紫色或紫红色,内面带白色,内两轮肉质。气芳香,味淡、涩。

野外识别: 落叶灌木。常丛生,树皮灰褐色,小枝绿紫色或淡褐紫色。叶椭圆状倒卵形或倒卵形,先端急尖或渐尖,基部渐狭沿叶柄下延至托叶痕,上面深绿色,幼嫩时疏生短柔毛,下面灰绿色,沿脉有短柔毛;侧脉每边8～10条,托叶痕约为叶柄长之半。花蕾卵圆形,被淡黄色绢毛;花叶同时开放,瓶形,直立于粗壮、被毛的花梗上,稍有香气;花被片9～12,外轮3片萼片状,紫绿色,披针形,常早落,内两轮肉质,外面紫色或紫红色,内面带白色,花瓣状,椭圆状倒卵形;雄蕊紫红色,药隔伸出成短尖头;雌蕊群淡紫色,无毛。聚合果深紫褐色,变褐色,圆柱形;成熟蓇葖近圆球形,顶端具短喙。花期3～4月,果期8～9月。

生　　境: 生于海拔300～1 600米的山坡林缘。

濒危等级: 无危(LC)。

性味与归经: 辛,温。归肺、胃经。

功　　效：用于散风寒，通鼻窍。

采收和储藏：冬末春初花未开放时采收，除去枝梗，阴干。

混 伪 品：玉兰 *Magnolia denudata*、黄山木兰 *Magnolia cylindrica*、二乔木兰 *Magnolia soulangeana*、天女木兰 *Magnolia sieboldii*。

忍冬

科名：Caprifoliaceae

种名：*Lonicera japonica* Thunb.

药名：金银花

别名：通灵草、二花

药用部位：花蕾。

植物特征：

干燥成品识别：忍冬的干燥花蕾呈棒状，上粗下细，略弯曲。表面黄白色或绿白色（贮久色渐深），密被短柔毛。偶见叶状苞片。花萼绿色，先端5裂，裂片有毛。开放者花冠筒状，先端二唇形；雄蕊5，附于筒壁，黄色；雌蕊1，子房无毛。气清香，味淡、微苦。

野外识别：半常绿藤本。幼枝洁红褐色，密被黄褐色、开展的硬直糙毛、腺毛和短柔毛。叶纸质，有糙缘毛，小枝上部叶通常两面均密被短糙毛，下部叶常平滑无毛；叶柄密被短柔毛。苞片大，叶状，两面均有短柔毛；萼筒无毛，萼齿卵状三角形，外面和边缘都有密毛；花冠白色，唇形。果实圆形，熟时蓝黑色，有光泽；种子椭圆形，褐色。花期4～6月，果熟期10～11月。

生　　境：生于山坡灌丛或疏林中、乱石堆及村庄篱笆边。

濒危等级：无危（LC）。

性味与归经：甘，寒。归肺、心、胃经。

功　　效：用于清热解毒，疏散风热。

采收和储藏：夏初花开放前采收，干燥。

混　伪　品：无。

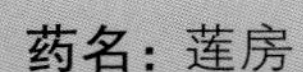

莲

科名：Nymphaeaceae

种名：*Nelumbo nucifera* Gaertn.

药名：莲房

别名：莲花、荷花、芙蕖、芙蓉

药用部位：花托。

植物特征：

干燥成品识别：莲的干燥花托呈倒圆锥状或漏斗状，多撕裂。表面灰棕色至紫棕色，具细纵纹和皱纹，顶面有多数圆形孔穴，基部有花梗残基。质疏松，破碎面海绵样，棕色。气微，味微涩。

野外识别：多年生水生草本。根状茎横生，肥厚，节间膨大，内有多数纵行通气孔道，节部缢缩，上生黑色鳞叶，下生须状不定根。叶圆形，盾状，全缘稍呈波状，上面光滑，具白粉，下面叶脉从中央射出，有1～2次叉状分枝；叶柄粗壮，圆柱形，中空，外面散生小刺。花梗和叶柄散生小刺；花芳香；花瓣红色、粉红色或白色；花药条形，花丝细长，着生在花托之下；花柱极短，柱头顶生；坚果椭圆形，果皮革质，坚硬，熟时黑褐色；种子椭圆形，种皮红色或白色。花期6～8月，果期8～10月。

生　　境：自生或栽培在池塘或水田内。

濒危等级：无危(LC)。

性味与归经：苦、涩，温。归肝经。

功　　效：用于化瘀止血。

采收和储藏：秋季果实成熟时采收，除去果实，晒干。

混　伪　品：无。

第五节　叶类植物

百合

科名：Liliaceae	药名：百合
种名：*Lilium brownii* var. *Viridulum* Baker	别名：百合蒜

药用部位：肉质鳞叶。

植物特征：

干燥成品识别：百合的干燥肉质鳞叶呈长椭圆形。表面类白色、淡棕黄色或微带紫色，有数条纵直平行的白色维管束。顶端稍尖，基部较宽，边缘薄，微波状，略向内弯曲。质硬而脆，断面较平坦。气微，味微苦。

野外识别：草本。鳞茎球形，鳞片披针形，白色。茎有紫色条纹；叶散生，条形，全缘，两面无毛。苞片披针形；花喇叭形，有香气，乳白色，外面稍带紫色，无斑点；外轮花被片先端尖；内轮花被片蜜腺两边具小乳头状突起；柱头 3 裂；蒴果矩圆形，有棱，具多数种子。花期 5～6 月，果期 9～10 月。

生　　境：生于海拔 100～2 150 米山坡、灌木林下、路边、溪旁或石缝中。

濒危等级：无危(LC)。

性味与归经：甘，寒。归心、肺经。

功　　效：用于养阴润肺，清心安神。

采收和储藏：秋季采挖，剥取鳞叶，清洗，干燥

混 伪 品：淡黄花百合 *Lilium sulphureum*。

破布叶

科名：Tiliaceae　　**药名：**布渣叶
种名：*Microcos paniculata* L.　　**别名：**麻布叶、烂布渣、火布麻、山茶叶

药用部位：叶。

植物特征：

干燥成品识别：破布叶的干燥叶多皱缩或破碎。完整叶展平后呈卵状长圆形。表面黄绿色。先端渐尖，基部钝圆，稍偏斜，边缘具细齿。基出脉3条，侧脉羽状，小脉网状。具短柄，叶脉及叶柄被柔毛。纸质，易破碎。气微，味淡，微酸涩。

野外识别：灌木或小乔木。树皮粗糙；嫩枝有毛。叶薄革质，卵状长圆形，三出脉，边缘有细钝齿；叶柄被毛；托叶线状披针形。顶生圆锥花序，被星状柔毛；苞片披针形；花柄短小；萼片长圆形，外面有毛；花瓣长圆形，下半部有毛；雄蕊多数，比萼片短；子房球形，无毛，柱头锥形。核果近球形或倒卵形；果柄短。花期6～7月。

生　　境：生长于路边灌丛中。

濒危等级：无危(LC)。

性味与归经：微酸，凉。归脾、胃经。

功　　效：用于消食化滞，清热利湿。

采收和储藏：夏、秋二季采收，除去枝梗和杂质，阴干或晒干。

混 伪 品：无。

龙脷叶

科名：Euphorbiaceae　　**药名：**龙脷叶
种名：*Sauropus spatulifolius* Beille　　**别名：**龙舌叶、龙味叶

药用部位：叶。

植物特征:

干燥成品识别: 龙脷叶的干燥叶呈团状或长条状皱缩,展平后呈长卵形,表面黄褐色;先端圆钝稍内凹,有小尖刺,基部楔形或稍圆,全缘或稍皱缩成波状。下表面中脉腹背突出,基部偶见柔毛,侧脉羽状,5～6对,于近外缘处合成边脉;叶柄短。气微,味淡、微甘。

野外识别: 常绿小灌木。茎粗糙;枝条圆柱状,蜿蜒状弯曲,多皱纹;幼时被腺状短柔毛。叶通常聚生于小枝上部,常向下弯垂,叶片鲜时近肉质,干后近革质或厚纸质,上面鲜时深绿色,叶脉处呈灰白色,干时黄白色,通常无毛;叶柄初时被腺状短柔毛,老渐无毛;托叶三角状耳形,宿存。花红色或紫红色,雌雄同枝;花序梗短而粗壮,着生有许多披针形的苞片;雄花:花梗丝状;萼片6,2轮,近等大,倒卵形;花盘腺体6,与萼片对生;雄蕊3,花丝合生呈短柱状;雌花:萼片与雄花的相同;无花盘;子房近圆球状,3室,花柱3,顶端2裂。花期2～10月。

生　　境: 栽培种。

濒危等级: 无危(LC)。

性味与归经: 甘、淡,平。归肺、胃经。

功　　效: 用于润肺止咳,通便。

采收和储藏: 夏、秋二季采收,晒干。

混 伪 品: 无。

芦荟

科名: Liliaceae	**药名:** 芦荟
种名: *Aloe vera* var. *chinensis* (Haw.) Berg	**别名:** 草芦荟、库拉索芦荟

药用部位: 叶液浓缩干燥物。

植物特征:

干燥成品识别: 芦荟叶汁液浓缩干燥物呈不规则块状,常破裂为多角形,大小不一。表面呈暗红褐色或深褐色,无光泽。体轻,质硬,不易破碎,断面粗糙或显麻纹。富吸湿性。有特殊臭气,味极苦。

野外识别: 茎较短。叶近簇生或稍二列(幼小植株),肥厚多汁,条状披针形,粉绿色,顶端有

几个小齿，边缘疏生刺状小齿。花葶不分枝或有时稍分枝；总状花序具几十朵花；苞片近披针形，先端锐尖；花点垂，稀疏排列，淡黄色而有红斑；花被裂片先端稍外弯；雄蕊与花被近等长或略长，花柱明显伸出花被外。

生　　境：栽培种。

濒危等级：无危(LC)。

性味与归经：苦，寒。归肝、胃、大肠经。

功　　效：用于热结便秘，惊痫抽搐，小儿疳积。

采收和储藏：将叶子摘下，剥皮，切块即可。

混 伪 品：无。

枇杷

科名：Rosaceae　　**药名：**枇杷叶

种名：*Eriobotrya japonica* (Thunb.) Lindl.　　**别名：**巴叶、芦橘叶

药用部位：叶。

植物特征：

干燥成品识别：枇杷的干燥叶呈长圆形或倒卵形。先端尖，基部楔形，边缘有疏锯齿，近基部全缘。上表面灰绿色、黄棕色或红棕色，较光滑；下表面密被黄色绒毛，主脉于下表面显著突起，侧脉羽状；叶柄极短，被棕黄色绒毛。革质而脆，易折断。气微，味微苦。

野外识别：常绿小乔木。小枝粗壮，黄褐色，密生绒毛。叶片革质，先端尖，基部渐狭成叶柄，上部边缘有疏锯齿，基部全缘，上面光亮，多皱，下面密生灰棕色绒毛；托叶钻形，先端急尖，有毛。圆锥花序顶生；总花梗和花梗密生锈色绒毛；苞片钻形，密生锈色绒毛；萼筒浅杯状，萼片三角卵形，先端急尖，萼筒及萼片外面有锈色绒毛；花瓣白色，长圆形，基部具爪，有锈色绒毛；花柱5，离生，柱头头状，无毛。果实球形或长圆形，黄色，外有锈色柔毛，不久脱落；种子球形或扁球形，褐色，光亮，种皮纸质。花期10～12月，果期5～6月。

生　　境：栽培种。

濒危等级：无危(LC)。

性味与归经： 苦，微寒。归肺、胃经。

功　　效： 用于清肺止咳，降逆止呕。

采收和储藏： 全年均可采收，晒干。

混　伪　品： 大花五桠果 *Dillenia turbinata*。

十大功劳

科名： Berberidaceae	**药名：** 功劳木
种名： *Mahonia fortunei* (Lindl.) Fedde	**别名：** 老鼠刺、猫刺叶、黄天竹、土黄柏

药用部位： 叶。

植物特征：

干燥成品识别： 十大功劳干燥叶外表面灰黄色至棕褐色，有明显的纵沟纹和横向细裂纹，有光泽，有叶柄残基。质硬，切面皮部薄，棕褐色，木部黄色，可见数个同心性环纹及排列紧密的放射状纹理，髓部色较深。气微，味苦。

野外识别： 灌木。叶倒卵形至倒卵状披针形，具2～5对小叶，上面暗绿至深绿色，背面淡黄色；小叶无柄，狭披针形至狭椭圆形，基部楔形。总状花序4～10个簇生；芽鳞披针形至三角状卵形；苞片卵形，急尖；花黄色；外萼片卵形或三角状卵形，中萼片长圆状椭圆形，内萼片长圆状椭圆形；花瓣长圆形，基部腺体明显，先端微缺裂，裂片急尖；雄蕊药隔不延伸，顶端平截；子房无花柱，胚珠2枚。浆果球形，紫黑色，被白粉。花期7～9月，果期9～11月。

生　　境： 生于海拔350～2 000米的山坡沟谷林中、灌丛中、路边或河边。

濒危等级： 无危(LC)。

性味与归经： 苦，寒。归肝、胃、大肠经。

功　　效： 用于清热燥湿，泻火解毒。

采收和储藏： 全年均可采收，切块片，干燥。

混　伪　品： 枸骨 *Ilex cornuta*、猫儿刺 *Ilex pernyi*。

石韦

科名：Polypodiaceae
种名：*Pyrrosia lingua* (Thunb.) Farwell
药名：石韦
别名：金星草、石兰、潭剑、石背柳

药用部位：叶。

植物特征：

干燥成品识别：石韦干燥叶略皱缩，展平后呈披针形，基部楔形，对称。先端渐尖，基部耳状偏斜，全缘，边缘常向内卷瞳；上表面黄绿色，散布有黑色圆形小凹点；下表面密生红棕色星状毛。孢子囊群在侧脉间，排列紧密而整齐。叶柄具四棱，略扭曲，有纵槽。叶片革质。气微，味微涩苦。

野外识别：根状茎长而横走，密被鳞片；鳞片披针形，长渐尖头，淡棕色，边缘有睫毛。叶远生，近二型；叶柄与叶片大小和长短变化很大。不育叶片近长圆形，向上渐狭，短渐尖头，基部楔形，全缘，干后革质，上面灰绿色，近光滑无毛，下面淡棕色或砖红色，被星状毛。孢子囊群近椭圆形，在侧脉间整齐成多行排列，布满整个叶片下面，初时为星状毛覆盖而呈淡棕色，成熟后孢子囊开裂外露而呈砖红色。

生　　境：附生于低海拔林下树干或稍干的岩石上。

濒危等级：无危(LC)。

性味与归经：甘、苦，微寒。归肺、膀胱经。

功　　效：用于利尿通淋，清肺止咳，凉血止血。

采收和储藏：全年均可采收，除去根茎和根，晒干或阴于。

混 伪 品：无。

桑

科名：Moraceae
种名：*Morus alba* L.
药名：桑叶
别名：家桑

药用部位：叶。

植物特征:

干燥成品识别: 桑的干燥叶多皱缩、破碎。完整者有柄,叶片展平后呈卵形。先端渐尖,基部截形、圆形或心形,边缘有锯齿或钝锯齿。上表面黄绿色或浅黄棕色,有的有小疣状突起;下表面颜色稍浅,叶脉突出,小脉网状,脉上被疏毛,脉基具簇毛。质脆。气微,味淡、微苦涩。

野外识别: 参见第64页“桑”。

生　　境: 栽培种。

濒危等级: 无危(LC)。

性味与归经: 甘、苦,寒。归肺、肝经。

功　　效: 用于疏散风热,清肺润燥,清肝明目。

采收和储藏: 初霜后采收,除去杂质,晒干。

混 伪 品: 无。

海带

科名: Laminariaceae	**药名:** 昆布
种名: *Laminaria japonica* Areschoug	**别名:** 海带

药用部位: 叶状体。

植物特征:

干燥成品识别: 干燥海带全体呈黑褐色或绿褐色,表面附有白霜,卷曲折叠成团状,或缠结成把。用水浸软则膨胀成扁平长带状,中部较厚,边缘较薄而呈波状。类革质,残存柄部扁圆柱状。气腥,味咸。

野外识别: 叶片似宽带,梢部渐窄。叶边缘较薄软,呈波浪褶,叶基部为短柱状叶柄与固着器相连。海带通体橄榄褐色,干燥后变为深褐色。海带表面有白色粉末状随着。

生　　境: 冷水性植物,多为人工养殖。

濒危等级: 无危(LC)。

性味与归经: 咸,寒。归肝,胃、肾经。

功　　效: 用于消痰软坚散结,利水消肿。

采收和储藏: 夏、秋二季采捞,晒干。

混 伪 品: 鹅肠藻 *Endarachne binghamiae*。

第六节　种子类植物

赤小豆

科名：Papilionaceae	药名：赤小豆
种名：*Vigna umbellata*（Thunb.）Ohwi et Ohashi	别名：红豆、红饭豆、野赤豆、米赤豆

药用部位：成熟种子。

植物特征：

干燥成品识别：赤小豆干燥种子呈长圆形而稍扁。表面紫红色，无光泽或微有光泽；一侧有线形突起的种脐，偏向一端，白色，约为全长2/3，中间凹陷成纵沟；另侧有1条不明显的棱脊。质硬，不易破碎。子叶2，乳白色。气微，味微甘。

野外识别：一年生草本。茎纤细，幼时被黄色长柔毛，老时无毛。羽状复叶具3小叶；托叶盾状着生，披针形；小托叶钻形，小叶纸质，沿两面脉上薄被疏毛，有基出脉3条。总状花序腋生，短；苞片披针形；花梗短，着生处有腺体；花黄色；龙骨瓣右侧具长角状附属体。荚果线状圆柱形，下垂，无毛，种子长椭圆形，常暗红色，种脐凹陷。花期5～8月。

生　　境：栽培种。

濒危等级：无危(LC)。

性味与归经：甘、酸，平。归心、小肠经。

功　　效：用于利水消肿，解毒排脓。

采收和储藏：秋季果实成熟而未开裂时拔取全株，晒干，打下种子，除去杂质，再晒干。

混 伪 品：木豆 *Cajanus cajan*、相思子 *Abrus precatorius*。

大麻

科名：Cannabiaceae
种名：*Cannabis sativa* L.
药名：火麻仁
别名：线麻、胡麻、野麻、火麻

药用部位：成熟种子。

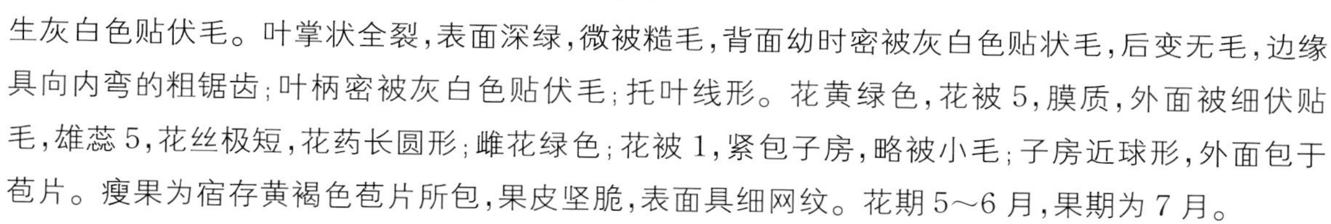

植物特征：

干燥成品识别：大麻干燥成熟种子呈卵圆形。表面灰绿色或灰黄色，有微细的白色或棕色网纹，两边有棱，顶端略尖，基部有1圆形果梗痕。果皮薄而脆，易破碎。种皮绿色，子叶2，乳白色，富油性。气微，味淡。

野外识别：一年生直立草本。枝具纵沟槽，密生灰白色贴伏毛。叶掌状全裂，表面深绿，微被糙毛，背面幼时密被灰白色贴状毛，后变无毛，边缘具向内弯的粗锯齿；叶柄密被灰白色贴伏毛；托叶线形。花黄绿色，花被5，膜质，外面被细伏贴毛，雄蕊5，花丝极短，花药长圆形；雌花绿色；花被1，紧包子房，略被小毛；子房近球形，外面包于苞片。瘦果为宿存黄褐色苞片所包，果皮坚脆，表面具细网纹。花期5～6月，果期为7月。

生　　境：栽培种，现沦为野生。

濒危等级：无危(LC)。

性味与归经：甘，平。归脾、胃、大肠经。

功　　效：用于润肠通便。

采收和储藏：秋季果实成熟时采收，除去杂质，晒干。

混 伪 品：益母草 *Leonurus artemisia*、芝麻 *Sesamum indicum*。

芝麻

科名：Pedaliaceae
种名：*Sesamum indicum* L.
药名：黑芝麻
别名：胡麻、油麻

药用部位：成熟种子。

植物特征：

干燥成品识别：黑芝麻干燥种子呈扁卵圆形。表面黑色，平滑或有网状皱纹。尖端有棕色点状种脐。种皮薄，子叶2，白色，富油性。气微，味甘，有油香气。

野外识别：一年生直立草本。微有毛。叶矩圆形或卵形，下部叶常掌状3裂，中部叶有齿缺，上部叶近全缘。花萼裂片披针形，被柔毛。花冠筒状，白色而常有紫红色或黄色的彩晕。雄蕊4，内藏。子房上位，被柔毛。蒴果矩圆形，有纵棱，直立，被毛。种子有黑白之分。花期夏末秋初。

生　　境：栽培种。

濒危等级：无危(LC)。

性味与归经：甘，平。归肝、肾、大肠经。

功　　效：用于补肝肾，益精血，润肠燥。

采收和储藏：秋季果实成熟时采割植株，晒干，打下种子，除去杂质，再晒干。

混 伪 品：无。

决明子

科名：Caesalpiniaceae	**药名：**决明子
种名：*Cassia tora* L.	**别名：**草决明、假花生、假绿豆、马碲决明

药用部位：成熟种子。

植物特征：

干燥成品识别：决明子略短圆柱形，较小。表面棱线两侧各有1片宽广的浅黄棕色带。质坚硬，不易破碎。种皮薄。气微，味微苦。

野外识别：直立、粗壮、一年生亚灌木状草本。叶柄上无腺体；叶轴上每对小叶间有棒状的腺体1枚；小叶3对，膜质，倒卵形，顶端圆钝而有小尖头，基部渐狭，偏斜，上面被稀疏柔毛，下面被柔毛；托叶线状，被柔毛，早落。花腋生，通常2朵聚生；花梗丝状；萼片稍不等大，卵形，膜质，外面被柔毛；花瓣黄色；能育雄蕊7枚，花药四方形，顶孔开裂，花丝短于花药；子房无柄，被白色柔毛。荚果纤细,近四棱形,膜质;种子菱形,光亮。花果期 8～11 月。

生　　境: 生于山坡、旷野及河滩沙地上。

濒危等级: 无危(LC)。

性味与归经: 甘、苦、咸,微寒。归肝、大肠经。

功　　效: 用于清热明目,润肠通便。

采收和储藏: 秋季采收成熟果实,晒干,打下种子,除去杂质。

混 伪 品: 萝卜 *Raphanus sativus*、槐叶决明 *Cassia sophera*、望江南 *Cassia occidentalis*。

胖大海

科名: Sterculiaceae	**药名**: 胖大海
种名: *Scaphium lychnophorum* Pierre	**别名**: 红胖大海

药用部位: 成熟种子。

植物特征:

干燥成品识别: 胖大海干燥成熟种子呈纺锤形或椭圆形。先端钝圆,基部略尖而歪,具浅色的圆形种脐。表面棕色,微有光泽,具不规则的干缩皱纹。外层种皮极薄,质脆,易脱落。中层种皮较厚,黑褐色,质松易碎,遇水膨胀成海绵状。断面可见散在的树脂状小点。内层种皮可与中层种皮剥离,稍革质,内有 2 片肥厚胚乳,广卵形;子叶 2 枚,菲薄,紧贴于胚乳内侧,与胚乳等大。气微,味淡,嚼之有黏性。

野外识别: 呈纺锤形或椭圆形。先端钝圆,基部略尖而歪,具浅色的圆形种脐,表面棕色或暗棕色,微有光泽,具不规则的干缩皱纹。外层果皮极薄,质脆,易脱落。中层果皮较厚,黑褐色,质松易碎,遇水膨胀成海绵状。断面可见散在的树脂状小点。内层果皮可与中层果皮剥离,稍革质,内有 2 片肥厚胚乳,广卵形;子叶 2 枚,菲薄,紧贴于胚乳内侧,与胚乳等大。气微,味淡,嚼之有黏性。

生　　境: 多生于村落附近。

濒危等级: 无危(LC)。

性味与归经: 甘,寒。归肺、大肠经。

功　　效: 用于清热润肺,利咽开音,润肠通便。

采收和储藏：每年 4～6 月果实成熟开裂时，采收种子，晒干用。

混 伪 品：橄榄 *Canarium album*。

栝楼

科名：Cucurbitaceae	药名：瓜蒌子
种名：*Trichosanthes kirilowii* Maxim.	别名：小栝楼

药用部位：成熟种子。

植物特征：

干燥成品识别：栝楼干燥成熟种子呈扁平椭圆形。表面浅棕色至棕褐色，平滑，沿边缘有 1 圈沟纹。顶端较尖，有种脐，基部钝圆或较狭。种皮坚硬；内种皮膜质，灰绿色，子叶 2，黄白色，富油性。气微，味淡。

野外识别：参见第 37 页“栝楼”。

生　　境：生于海拔 200～1 800 米的山坡林下、灌丛中、草地和村旁田边。

濒危等级：无危(LC)。

性味与归经：甘，寒。归肺、胃、大肠经。

功　　效：用于润肺化痰，滑肠通便。

采收和储藏：秋季采摘成熟果实，剖开，取出种子，洗净，晒干。

混 伪 品：长萼栝楼 *Trichosanthes laceribractea*、红花栝楼 *Trichosanthes rubriflos*。

萝卜

科名：Brassicaceae	药名：莱菔子
种名：*Raphanus sativus* L.	别名：萝卜子

药用部位：成熟种子。

植物特征：

干燥成品识别：萝卜的干燥成熟种子呈椭圆形，稍扁。表面黄棕色、红棕色或灰棕色。一端有深棕色圆形种脐，一侧有数条纵沟。种皮薄而脆，子叶 2，黄白色，有油性。气微，味淡、微苦辛。

野外识别：一年或二年生草本。直根肉质；茎有分枝，无毛，稍具粉霜。基生叶和下部茎生叶大头羽状半裂，顶裂片卵形，长圆形，有钝齿，疏生粗毛，上部叶长圆形。总状花序顶生及腋生；花瓣倒卵形，具紫纹，下部有爪。长角果圆柱形，在相当种子间处缢缩，并形成海绵质横隔。种子1～6个，卵形，微扁，红棕色，有细网纹。花期4～5月，果期5～6月。

生　　境：栽培种。

濒危等级：无危(LC)。

性味与归经：辛、甘，平。归肺、脾、胃经。

功　　效：用于消食除胀，降气化痰。

采收和储藏：夏季果实成熟时采割植株，晒干，搓出种子，除去杂质，再晒干。

混 伪 品：决明 *Cassia tora*。

莲

科名：Nymphaeaceae　　**药名**：莲子、莲子心

种名：*Nelumbo nucifera* Gaertn.　　**别名**：莲花、荷花、芙蕖、芙蓉

药用部位：成熟种子，成熟种子中的幼叶及胚根。

植物特征：

干燥成品识别：【干燥成熟种子】莲子呈类球形。表面浅黄棕色至红棕色，有细纵纹和较宽的脉纹。一端中心呈乳头状突起，深棕色，多有裂口，其周边略下陷。质硬，种皮薄，不易剥离。子叶2，黄白色，肥厚，中有空隙，具绿色莲子心。气微，味甘、微涩；莲子心味苦。【成熟种子中的干燥幼叶及胚根】莲子心略呈细圆柱形，幼叶绿色，一长一短，卷成箭形，先端向下反折，两幼叶间可见细小胚芽。胚根圆柱形，黄白色。质脆，易折断，断面有数个小孔。气微，味苦。

野外识别：参见第118页“莲”。

生　　境：自生或栽培在池塘或水田内。

濒危等级：无危(LC)。

性味与归经：【莲子】甘、涩，平。归脾、肾、心经。【莲子心】苦，寒。归心、肾经。

功　　效：用于【莲子】用于补脾止泻，止带，益肾涩精，养心安神。【莲子心】用于清心安神，涩精止血。

采收和储藏：【莲子】秋季果实成熟时采割莲房，取出果实，除去果皮，干燥；【莲子心】秋季果实成熟后，从果实中取出幼叶及胚根，即为莲子心。

混 伪 品： 无。

木蝴蝶

科名：Bignoniaceae	药名：木蝴蝶
种名：*Oroxylum indicum*（L.）Kurz	别名：千张纸、千层纸、土黄柏

药用部位： 成熟种子。

植物特征：

干燥成品识别： 木蝴蝶的干燥成熟种子为蝶形薄片，除基部外三面延长成宽大菲薄的翅。表面浅黄白色，翅半透明，有绢丝样光泽，上有放射状纹理，边缘多破裂。体轻，剥去种皮，可见一层薄膜状的胚乳紧裹于子叶之外。子叶 2，蝶形，黄绿色或黄色。气微，味微苦。

野外识别： 直立小乔木。树皮灰褐色。大型奇数回羽状复叶，着生于茎干近顶端；小叶三角状卵形，顶端短渐尖，基部近偏斜，两面无毛，全缘，叶片干后发蓝色。总状聚伞花序顶生，粗壮；花大、紫红色。花萼钟状，紫色，膜质，果期近木质，光滑，顶端平截，具小苞片。花冠肉质；檐部下唇 3 裂，上唇 2 裂，裂片微反折，花冠在傍晚开放，有恶臭气味。雄蕊插生于花冠筒中部，花丝微伸出花冠外，花丝基部被绵毛，花药椭圆形，略叉开。花盘大，肉质，5 浅裂。蒴果木质，常悬垂于树梢，2 瓣开裂，果瓣具有中肋，边缘肋状凸起。种子多数，圆形，周翅薄如纸，故有“千张纸”之称。

生 境： 生于海拔 500～900 米热带及亚热带低丘河谷密林，以及公路边丛林中，常单株生长。

濒危等级： 无危(LC)。

性味与归经： 苦、甘，凉。归肺、肝、胃经。

功 效： 用于清肺利咽，疏肝和胃。

采收和储藏： 秋、冬二季采收成熟果实，暴晒至果实开裂，取出种子，晒干。

混 伪 品： 补骨脂 *Psoralea corylifolia*。

麦蓝菜

科名：Caryophyllaceae
种名：*Vaccaria segetalis*（Mill.）Rauschert
药名：王不留行
别名：麦蓝子

药用部位：成熟种子。

植物特征：

干燥成品识别：麦蓝菜的干燥成熟种子呈球形。表面黑色，少数红棕色，略有光泽，有细密颗粒状突起，一侧有 1 凹陷的纵沟。质硬。胚乳白色，胚弯曲成环，子叶 2。气微，味微涩、苦。

野外识别：一年生或二年生草本。全株无毛，微被白粉，呈灰绿色。根为主根系。茎单生，直立，上部分枝。叶片披针形，具 3 基出脉。伞房花序稀疏；花梗细；苞片披针形，着生花梗中上部；花萼卵状圆锥形，后期微膨大呈球形，棱绿色，棱间绿白色，近膜质，萼齿小，三角形，边缘膜质；雌雄蕊柄极短；花瓣淡红色，爪狭楔形，淡绿色，瓣片狭倒卵形，微凹缺；雄蕊内藏；花柱线形，微外露。种子近圆球形，红褐色至黑色。花期 5～7 月，果期 6～8 月。

生　　境：生于草坡、撂荒地或麦田中。

濒危等级：无危(LC)。

性味与归经：苦，平。归肝、胃经。

功　　效：用于活血通经，下乳消肿，利尿通淋。

采收和储藏：夏季果实成热、果皮尚未开裂时采割植株，晒干，打下种子，除去杂质，再晒干。

混 伪 品：芸苔 *Brassica campestris*。

山杏

科名：Rosaceae
种名：*Armeniaca sibirica*（L.）Lam.
药名：苦杏仁
别名：杏仁

药用部位：成熟种子。

植物特征：

干燥成品识别：山杏的干燥成熟种子呈扁心形。表面黄棕色至深棕色，一端尖，另端钝圆，肥厚，左右不对称，尖端一侧有短线形种脐，圆端合点处向上具多数深棕色的脉纹。种皮薄，子叶2，乳白色，富油性。气微，味苦。

野外识别：灌木或小乔木；树皮暗灰色；叶片卵形，有细钝锯齿，两面无毛；叶柄无毛。花单生，先于叶开放；花萼紫红色；萼筒钟形；萼片长圆状椭圆形；雄蕊几与花瓣近等长；子房被短柔毛。果实扁球形，被短柔毛；果肉较薄而干燥，成熟时开裂，味酸涩不可食，成熟时沿腹缝线开裂；核扁球形，易与果肉分离，两侧扁，顶端圆形，基部一侧偏斜，不对称，表面较平滑，腹面宽而锐利；种仁味苦。花期3～4月，果期6～7月。

生　　境：生于海拔700～2 000米的干燥向阳山坡上、丘陵草原。

濒危等级：无危(LC)。

性味与归经：苦，微温；有小毒。归肺、大肠经。

功　　效：用于降气止咳，润肠通便。

采收和储藏：夏季采收成熟果实，除去果内和核壳，取出种子，晒干。

混 伪 品：无。

杏

科名：Rosaceae	**药名：**杏仁
种名：*Armeniaca vulgaris* Lam.	**别名：**水晶杏

药用部位：成熟种子。

植物特征：

干燥成品识别：干燥杏仁呈扁心形。表面黄棕色至深棕色，一端尖，另端钝圆，肥厚，左右不对称，尖端一侧有短线形种脐，圆端合点处向上具多数深棕色的脉纹。种皮薄，子叶2，乳白色，富油性。气微，味苦。

野外识别：乔木。树皮灰褐色，纵裂；多年生枝浅褐色，皮孔大而横生，一年生枝浅红褐色，有光泽，无毛，具多数小皮孔。叶片卵形，叶边有圆钝锯齿；叶柄无毛。花单生，先于叶开放；花梗短，

被短柔毛;花萼紫绿色;萼筒圆筒形,外面基部被短柔毛;萼片卵形至卵状长圆形;花瓣圆形至倒卵形,具短爪;雄蕊稍短于花瓣;子房被短柔毛。果实球形,稀倒卵形,常具红晕,微被短柔毛;果肉多汁,成熟时不开裂;核卵形,两侧扁平,基部对称,稀不对称;种仁味苦或甜。花期3～4月,果期6～7月。

生　　境: 栽培种。

濒危等级: 无危(LC)。

性味与归经: 苦,微温;有小毒。归肺、大肠经。

功　　效: 用于降气止咳平喘,润肠通便。

采收和储藏: 夏季采收成熟果实,除去果内和核壳,取出种子,晒干。

混 伪 品: 桃 *Amygdalus persica*。

薏苡仁

科名: Poaceae	**药名:** 薏仁
种名: *Coix lacryma-jobi* L.	**别名:** 薏米

药用部位: 成熟种仁。

植物特征:

干燥成品识别: 薏苡仁干燥成熟的种仁呈宽卵形。表面乳白色,光滑,偶有残存的黄褐色种皮。一端钝圆,另端较宽而微凹,有1淡棕色点状种脐。背面圆凸,腹面有1条较宽而深的纵沟。质坚实,断面白色,粉性。气微,味微甜。

野外识别: 一年生粗壮草本。须根黄白色,海绵质。秆直立丛生,节多分枝。叶鞘短于其节间,无毛;叶舌干膜质;叶片扁平宽大,开展,中脉粗厚,边缘粗糙,常无毛。总状花序腋生成束,具长梗。雌小穗位于花序之下部,外面包以骨质念珠状总苞,总苞卵圆形,坚硬,有光泽;第一颖卵圆形,顶端渐尖呈喙状,包围着第二颖及第一外稃;第二外稃短于颖,具3脉;雌蕊具细长之柱头,从总苞之顶端伸出。颖果小,含淀粉少,常不饱满。第一颖草质，边缘内折成脊，具有不等宽之翼，具多数脉，第二颖舟形；外稃与内稃膜质；花药橘黄色。花果期6～12月。

生　　境： 多生于海拔200～2 000米湿润的屋旁、池塘、河沟、山谷、溪涧或易受涝的农田等地方。

濒危等级： 无危(LC)。

性味与归经： 甘、淡，凉。归脾、胃、肺经。

功　　效： 用于健脾，利水渗湿，止泻，排浓。

采收和储藏： 秋季果实成熟时采割植株，晒干，打下果实，再晒干，除去外壳、黄褐色种皮和杂质，收集种仁。

混 伪 品： 无。

车前

科名： Plantaginaceae	**药名：** 车前子
种名： *Plantago asiatica* L.	**别名：** 车轱辘菜

药用部位： 成熟种子。

植物特征：

干燥成品识别： 车前干燥成熟种子呈椭圆形、不规则长圆形或三角状长圆形，略扁。表面黄棕色至黑褐色，有细皱纹，一面有灰白色凹点状种脐。质硬。气微，味淡。

野外识别： 参见第69页“车前”。

生　　境： 生于海拔3～3 200米的草地、沟边、河岸湿地、田边、路旁或村边空旷处。

濒危等级： 无危(LC)。

性味与归经： 甘，寒。归肝、肾、肺、小肠经。

功　　效： 用于清热利尿通淋，渗湿止泻，明目，祛痰。

采收和储藏： 夏、秋二季种子成熟时采收果穗，晒干，搓出种子，除去杂质。

混 伪 品： 夏枯草 *Prunella vulgaris*、青葙 *Celosia argentea*、大车前 *Plantago major*。

芥

科名： Brassicaceae	**药名：** 芥子
种名： *Brassica juncea* (L.) Czern. et Coss.	**别名：** 黄芥子

药用部位：成熟种子。

植物特征：

干燥成品识别：芥的干燥成熟种子呈球形，较小，表面棕黄色。研碎后加水浸湿，产生辛烈的特异臭气。

野外识别：一年生草本。常无毛，带粉霜，有辣味；茎直立，有分枝。基生叶宽卵形，顶端圆钝，基部楔形，大头羽裂；茎下部叶较小，边缘有缺刻，不抱茎；茎上部叶窄披针形。总状花序顶生；花黄色；萼片淡黄色，长圆状椭圆形，直立开展；花瓣倒卵形。长角果线形，果瓣具1突出中脉；种子球形，紫褐色。花期3～5月，果期5～6月。

生　　境：广泛栽培，常见。

濒危等级：无危(LC)。

性味与归经：辛，温。归肺经。

功　　效：用于温肺豁痰利气，散结通络止痛。

采收和储藏：夏末秋初果实成熟时采割植株，晒干，打下种子，除去杂质。

混 伪 品：无。

刀豆

科名：Papilionaceae	**药名：**刀豆
种名：*Canavalia gladiata* (Jacq.) DC.	**别名：**挟剑豆

药用部位：成熟种子。

植物特征：

干燥成品识别：刀豆呈扁肾形。表面淡红色，微皱缩，略有光泽。边缘具眉状黑色种脐。质硬，难破碎。种皮革质，内表面棕绿色而光亮；子叶2，黄白色，油润。气微，味淡，嚼之有豆腥味。

野外识别：缠绕草本。羽状复叶具3小叶，小叶卵形，侧生小叶偏斜；小叶柄被毛。总状花序具长总花梗；花梗极短；小苞片卵形，早落；花萼稍被毛，下唇3裂，齿小，急尖；花冠白色或粉红，旗瓣宽椭圆形，顶端凹入，翼瓣和龙骨瓣均弯曲，具向下的耳；子房线形，被毛。荚果带状，略弯曲；种子椭圆形，种皮红色或褐色。花期 7～9 月，果期 10 月。

生　　境：广泛栽培。

濒危等级：无危(LC)。

性味与归经：甘，温。归胃、肾经。

功　　效：用于温中止呃。

采收和储藏：秋季采收成熟果实，剥取种子，晒干。

混 伪 品：豇豆 *Vigna unguiculata*。

扁豆

科名：Papilionaceae	**药名：**白扁豆
种名：*Lablab purpureus*（L.）Sweet	**别名：**鹊豆、藤豆

药用部位：成熟种子。

植物特征：

干燥成品识别：扁豆干燥成熟种子呈扁椭圆形。表画淡黄白色，平滑，略有光泽，一侧边缘有隆起的白色眉状种阜。质坚硬。种皮薄而脆，子叶 2，肥厚，黄白色。气微，味淡，嚼之有豆腥气。

野外识别：多年生、缠绕藤本。全株几无毛，常呈淡紫色。羽状复叶具 3 小叶；托叶披针形；小叶宽三角状卵形，侧生小叶两边不等大，偏斜。总状花序直立，花序轴粗壮；小苞片 2，近圆形；花萼钟状；花冠白色或紫色，旗瓣圆形，翼瓣宽倒卵形，具截平的耳，基部渐狭成瓣柄；子房线形，无毛。荚果长圆状镰形，近顶端最阔，扁平，顶端有弯曲的尖喙，基部渐狭；种子 3～5 颗，扁平，长椭圆形，种脐线形。花期 4～12 月。

生　　境：各地广泛栽培。

濒危等级：无危(LC)。

性味与归经：甘，微温。归脾、胃经。

功　　效：用于清热解毒，消痈散结，敛疮生肌。

采收和储藏：秋、冬二季采收成熟果实，晒干，取出种子，再晒干。

混　伪　品：棉豆 *Phaseolus lunatus*。

银杏

科名：Gingkoaceae	药名：白果
种名：*Ginkgo biloba* L.	别名：公孙树

药用部位：成熟种子。

植物特征：

干燥成品识别：银杏干燥成熟的种子略呈椭圆形，一端稍尖，另端钝。表面黄白色，平滑，具2～3条棱线。中种皮(壳)骨质，坚硬。内种皮膜质，种仁宽卵球形，一端淡棕色，另一端金黄色，横断面外层黄色，胶质样，内层淡黄色或淡绿色，粉性，中间有空隙。气微，味甘、微苦。

野外识别：乔木。树冠圆锥形；枝近轮生，斜上伸展；短枝密被叶痕，黑灰色；冬芽黄褐色，常为卵圆形，先端钝尖。叶扇形，有长柄，淡绿色，无毛，秋季落叶前变为黄色。球花雌雄异株，单性，呈簇生状；雄球花葇荑花序状，下垂，雄蕊排列疏松，具短梗；雌球花具长梗，梗端常分两叉。种子具长梗，下垂，外种皮肉质，熟时黄色或橙黄色，外被白粉，有臭叶；中处皮白色，骨质，具2～3条纵脊；内种皮膜质，淡红褐色；胚乳肉质，味甘略苦；子叶2枚；有主根。花期3～4月，种子9～10月成熟。

生　　境：生于海拔1 000～2 000米，气候温暖湿润，土层深厚、肥沃湿润、排水良好的地区。

濒危等级：无危(LC)。

性味与归经：甘、苦、涩，平；有毒。归肺、肾经。

功　　效：用于敛肺定喘，止带缩尿。

采收和储藏：秋季种子成熟时采收，除去肉质外种皮，洗净，稍蒸或略煮后，烘干。

混　伪　品：无。

第七节　地上部分类植物

艾

科名：Compositae　　**药名**：艾叶

种名：*Artemisia argyi* Levl. et Van.　　**别名**：艾蒿、白蒿、灸草、艾叶

药用部位：地上部分。

植物特征：

干燥成品识别：干燥艾叶多呈皱缩、破碎，有短柄。完整叶片展平后呈卵状椭圆形，羽状深裂，裂片椭圆状披针形，边缘有不规则的粗锯齿；上表面灰绿色或深黄绿色，有稀疏的柔毛和腺点；下表面密生灰白色绒毛。质柔软。气清香，味苦。

野外识别：多年生草本或略成半灌木状。植株有浓烈香气。主根明显，略粗长，侧根多；常有横卧地下根状茎及营养枝。茎有明显纵棱，褐色；茎、枝均被灰色蛛丝状柔毛。叶厚纸质，上面被灰白色短柔毛，并有白色腺点与小凹点，背面密被灰白色蛛丝状密绒毛；茎下部叶羽状深裂，干后背面主、侧脉多为深褐色或锈色；头状花序椭圆形；总苞片覆瓦状排列；花序托小；雌花花冠狭管状，檐部具2裂齿，紫色，花柱细长，伸出花冠外甚长，先端2叉；两性花花冠管状或高脚杯状，外面有腺点，檐部紫色，花药狭线形，先端附属物尖，长三角形，基部有不明显的小尖头，花后向外弯曲，叉端截形，并有睫毛。瘦果长卵形。花果期7～10月。

生　　境：生于低海拔至中海拔地区的荒地、路旁河边及山坡等地，也见于森林草原及草原地区。

濒危等级：无危(LC)。

性味与归经：辛、苦，温；有小毒。归肝、脾、肾经。

功　　效：用于温经止血，散寒止痛。

采收和储藏：夏季花未开时采摘，除去杂质，晒干。

混　伪　品： 野艾蒿 *Artemisia lavandulaefolia*、蒙古蒿 *Artemisia mongolica*、红足蒿 *Artemisia rubripes*、阴地蒿 *Artemisia sylvatica*。

益母草

科名： Labiatae	**药名：** 益母草
种名： *Leonurus artemisia* (Laur.) S. Y. Hu	**别名：** 艾草、益母艾、假青麻草、野麻、红艾

药用部位： 地上部分。

植物特征：

干燥成品识别： 益母草干燥茎表面灰绿色或黄绿色；体轻，质韧，断面中部有髓。叶片灰绿色，多皱缩、破碎，易脱落。轮伞花序腋生，小花淡紫色，花萼筒状，花冠二唇形。气微，味微苦。

野外识别： 参见第104页“益母草”。

生　　境： 生长于多种生境，尤以阳处为多，海拔可高达3 400米。

濒危等级： 无危(LC)。

性味与归经： 苦、辛，微寒。归肝、心包、膀胱经。

功　　效： 用于活血祛瘀，消水利尿。

采收和储藏： 鲜品春季幼苗期至初夏花前期采割；干品夏季茎叶茂盛、花未开或初开时采割，晒干，或切段晒干。

混　伪　品： 无。

葫芦茶

科名： Papilionaceae	**药名：** 葫芦茶
种名： *Tadehagi triquetrum* (L.) Ohashi	**别名：** 百劳舌、牛虫草、懒狗舌

药用部位： 地上部分。

植物特征：

干燥成品识别： 葫芦茶干燥茎基部圆柱形，灰棕色至暗棕色，木质，上部三棱形，草质，疏被短毛。叶矩状披针形，薄革质，灰绿色或棕绿色，先端尖，基部钝圆或浅心形，全缘，两面稍被毛；叶柄有阔翅；托叶被针形，与叶柄近等长，淡棕色。有的带花、果；总状花序腋生，蝶形花多数，花梗较长；荚

果扁平,有近方形荚节。气微,味淡。

野外识别:灌木。茎直立。幼枝三棱形,被疏短硬毛。托叶披针形,有条纹;叶柄两侧有宽翅,与叶同质;小叶纸质,披针形,上面无毛,下面疏被短柔毛。总状花序,被贴伏丝状毛和小钩状毛;苞片狭三角形;花梗被小钩状毛和丝状毛;花萼宽钟形;花冠蓝紫色,伸出萼外,基部具耳,龙骨瓣镰刀形,弯曲;雄蕊二体;子房被毛,花柱无毛。荚果全部密被糙伏毛,无网脉;种子椭圆形。花期6~10月,果期10~12月。

生　　境:生于海拔1 400米以下的荒地或山地林缘,路旁。

濒危等级:无危(LC)。

性味与归经:味苦、涩,性凉。归肺经、膀胱经、肝经。

功　　效:用于清热利湿,消滞杀虫,利湿。

采收和储藏:夏、秋二季采挖,晒干。

混 伪 品:猪屎豆 *Crotalaria pallida*。

络石

科名:Apocynaceae	**药名**:络石藤
种名:*Trachelospermum jasminoides* (Lindl.) Lem.	**别名**:石龙藤、软筋藤、白花藤

药用部位:地上部分。

植物特征:

干燥成品识别:络石干燥茎呈圆柱形,弯曲,长短不一;表面红褐色,有点状皮孔和不定根;质硬,断面淡黄白色,常中空。叶对生,有短柄;展平后叶片呈椭圆形或卵状披针形;全缘,略反卷,上表面暗绿色或棕绿色,下表面色较淡;革质。气微,味微苦。

野外识别:常绿木质藤本。具乳汁;茎赤褐色,圆柱形,有皮孔;叶革质;叶柄短;叶柄内和叶腋外腺体钻形。二歧聚伞花序，组成圆锥状；花白色，芳香；苞片狭披针形；花萼5深裂；花蕾顶端钝，花冠筒形，中部膨大，外面无毛，内面在喉部及雄蕊着生处被短柔毛，花冠无毛；花药箭头状，基部具耳，隐藏在花喉内；子房由2个离生心皮组成，无毛，花柱圆柱状，柱头卵圆形，顶端全缘。蓇葖双生，叉开，无毛，线状披针形；种子多颗，褐色，线形，顶端具白色绢质种毛。花期3～7月，果期7～12月。

生　　境：生于山野、溪边、路旁、林缘或杂木林中。

濒危等级：无危(LC)。

性味与归经：苦，微寒。归心、肝、肾经。

功　　效：用于祛风通络，凉血消肿。

采收和储藏：冬季至次春采割，除去杂质，晒干。

混 伪 品：乳儿绳 *Trachelospermum cathayanum*。

木贼

科名：Equisetaceae	**药名：**木贼
种名：*Equisetum hyemale* L.	**别名：**峰草、锉草、笔头草、笔筒草

药用部位：地上部分。

植物特征：

干燥成品识别：木贼地上部分呈长管状，不分枝，表面灰绿色或黄绿色，有数条纵棱，棱上有多数细小光亮的疣状突起；节明显，节上着生筒状鳞叶，叶鞘基部和鞘齿黑棕色，中部淡棕黄色。体轻，质脆，易折断，断面中空，周边有多数圆形的小空腔。气微，味甘淡、微涩，嚼之有沙粒感。

野外识别：大型植物，地上枝多年生。根茎黑棕色，被黄棕色长毛。鞘筒黑棕色；鞘齿披针形，小。顶端淡棕色，膜质，芒状，早落，下部黑棕色，薄革质。孢子囊穗卵状，顶端有小尖突，无柄。

生　　境：海拔100～3 000米。

濒危等级：无危(LC)。

性味与归经：甘、苦、平。归肺、肝经。

功　　效：用于疏散风热，明目退翳。

采收和储藏：夏、秋二季采割，除去杂质，晒干。

混　伪　品：笔管草 *Equisetum ramosissimum* subsp. *debile*、节节草 *Equisetum ramosissimum* subsp. *ramosissimum*。

佩兰

科名：Compositae	药名：佩兰
种名：*Eupatorium fortunei* Turcz.	别名：兰草

药用部位：地上部分。

植物特征：

干燥成品识别：佩兰叶对生，有柄，叶片多皱缩、破碎，绿褐色；完整叶片3裂或不分裂，分裂者中间裂片较大，展平后呈披针形，基部狭窄，边缘有锯齿；不分裂者展平后呈卵圆形、卵状披针形或椭圆形。茎呈圆柱形，表面黄棕色或黄绿色，有明显的节和纵棱线；质脆，断面髓部白色或中空。气芳香，味微苦。

野外识别：多年生草本。根茎横走，淡红褐色。茎直立，被稀疏的短柔毛，花序分枝及花序梗上的毛较密。全部茎叶两面光滑，无毛无腺点，羽状脉，边缘有齿。中部茎叶较大，3深裂。中部以下茎叶渐小，基部叶花期枯萎。头状花序排成复伞房花序。总苞钟状；总苞片2～3层，覆瓦状排列，外层短，卵状披针形，中内层苞片渐长，长椭圆形；全部苞片紫红色，外面无毛无腺点，顶端钝。花白色或带微红色，花冠外面无腺点。瘦果黑褐色，长椭圆形，5棱，无毛无腺点；冠毛白色。花果期7～11月。

生　　　境：生于路边灌丛及山沟路旁。

濒危等级：无危（LC）。

性味与归经：辛，平。归脾、胃、肺经。

功　　　效：用于芳香化湿，醒脾开胃，发表解暑。

采收和储藏：夏、秋二季分两次采割，除去杂质，晒干。

混　伪　品：白头婆 *Eupatorium japonicum*、林泽兰 *Eupatorium lindleyanum*。

豨莶

科名：Compositae	药名：豨莶
种名：*Siegesbeckia orientalis* L.	别名：粘糊草，粘粘果

药用部位： 地上部分。

植物特征：

干燥成品识别： 豨莶叶对生，叶片多皱缩、卷曲，展平后呈卵圆形，灰绿色，边缘有钝锯齿，两面皆有白色柔毛，主脉3出。有的可见黄色头状花序，总苞片匙形。茎略呈方柱形，多分枝；表面灰绿色、黄棕色或紫棕色，有纵沟和细纵纹，被灰色柔毛；节明显，略膨大；质脆，易折断，断面黄白色或带绿色，髓部宽广，类白色，中空。气微，味微苦。

野外识别： 一年生草本。茎直立，分枝斜生；分枝被灰白色短柔毛。基部叶花期枯萎；中部叶三角状卵圆形，下延成具翼的柄，边缘有齿，纸质，具腺点，两面被毛，三出基脉；上部叶渐小，卵状长圆形，近无柄。头状花序多数聚生于枝端，排列成具叶的圆锥花序；花梗密生短柔毛；总苞阔钟状；总苞片2层，叶质，背面被紫褐色头状具柄的腺毛；外层苞片线状匙形，开展；内层苞片卵状长圆形。外层托片长圆形，内弯，内层托片倒卵状长圆形。花黄色；两性管状花上部钟状。瘦果倒卵圆形，有4棱，顶端有灰褐色环状突起。花期4～9月，果期6～11月。

生　　境： 生于海拔110～2 700米的山野、荒草地、灌丛、林缘及林下。

濒危等级： 无危(LC)。

性味与归经： 辛、苦，寒。归肝、肾经。

功　　效： 用于祛风湿，利关节，解毒。

采收和储藏： 夏、秋二季花开前和花期均可采割，除去杂质，晒干。

混 伪 品： 金挖耳 *Carpesium divaricatum*。

刺儿菜

科名：Compositae	药名：小蓟
种名：*Cirsium setosum*（Willd.）MB.	别名：野红花

药用部位：地上部分。

植物特征：

干燥成品识别：刺儿菜茎呈圆柱形，有的上部分枝；表面灰绿色或带紫色，具纵棱及白色柔毛；质脆，易折断，断面中空。叶互生；叶片完整者展平后呈长椭圆形，全缘或微齿裂至羽状深裂，齿尖具针刺；土表面绿褐色，下表面灰绿色，两面均具白色柔毛。头状花序单个或数个顶生；总苞钟状，苞片5～8层，黄绿色；花紫红色。气微，味微苦。

野外识别：多年生草本。茎直立，上部有分枝。叶椭圆形，常无叶柄，叶缘有细密的针刺。齿顶针刺大小不等，齿缘及裂片边缘的针刺较短且贴伏。全部茎叶两面同色，两面无毛。总苞6层，卵形，覆瓦状排列。小花紫红色或白色，细管部细丝状。瘦果淡黄色，椭圆形，压扁，顶端斜截形。冠毛污白色，多层，整体脱落；冠毛刚毛长羽毛状，顶端渐细。花果期5～9月。

生　　境：分布于海拔170～2 650米的山坡、河旁或荒地、田间。

濒危等级：无危(LC)。

性味与归经：甘、苦，凉。归心、肝经。

功　　效：用于凉血止血，散瘀解毒消痈。

采收和储藏：夏、秋二季花开时采割，除去杂质，晒干。

混 伪 品：蓟 *Cirsium japonicum*、绿蓟 *Cirsium chinense*、湖北蓟 *Cirsium hupehense*。

猪毛蒿

科名：Compositae	药名：茵陈
种名：*Artemisia scoparia* Waldst. et Kit.	别名：白蒿、扫帚艾、土茵陈

药用部位：地上部分。

植物特征：

干燥成品识别：【绵茵陈】多卷曲成团状，灰白色或灰绿色，全体密被白色茸毛，绵软如绒。茎细小，除去表面白色茸毛后可见明显纵纹；质脆，易折断。叶具柄；展平后叶片呈一至三回羽状分裂；气清香，味微苦。【花茵陈】茎呈圆柱形，多分枝；表面紫色，有纵条纹，被短柔毛；体轻，质脆，断面类白色。下部叶二至三回羽状深裂，裂片条形，两面密被白色柔毛；茎生叶一至二回羽状全裂，基部抱茎，裂片细丝状。头状花序卵形，多数集成圆锥状，有短梗；总苞片 3～4 层，卵形。瘦果长圆形，黄棕色。气芳香，味微苦。

野外识别：多年生草本或近一、二年生草本。植株有浓烈的香气。根半木质或木质化，主根单一，狭纺锤形、垂直；根状茎粗短，直立，常有细的营养枝，枝上密生叶。茎褐色，有纵纹；茎、枝幼时被灰色绢质柔毛。基生叶与营养枝叶两面被灰白色绢质柔毛。叶具长柄，花期叶凋谢；头状花序近球形，极多数，基部有线形的小苞叶，并排成复总状或复穗状花序，在茎上再组成大型、开展的圆锥花序；总苞片 3～4 层，外层总苞片草质、卵形，背面绿色、无毛，边缘膜质；花序托小，凸起；雌花花冠狭圆锥状，冠檐具 2 裂齿；两性花，不孕育，花冠管状，花药线形，先端附属物尖。瘦果褐色。花果期 7～10 月。

生　　境：遍及全中国。

濒危等级：无危(LC)。

性味与归经：苦、辛，微寒。归脾、胃、肝、胆经。

功　　效：用于清利湿热，利胆退黄。

采收和储藏：【绵茵陈】春季幼苗高 6～10 厘米时采收，除去杂质，晒干；【花茵陈】秋季花蕾长成至花初开时采割，除去杂质和老茎，晒干。

混 伪 品：青蒿 *Artemisia carvifolia*。

蓟

科名：Compositae	**药名**：大蓟
种名：*Cirsium japonicum* Fisch. ex DC.	**别名**：大刺儿菜、大刺盖、老虎脷

药用部位：地上部分。

植物特征：

干燥成品识别： 蓟的茎呈圆柱形；表面褐色，有数条纵棱，被丝状毛；断面灰白色，髓部疏松或中空。叶皱缩，多破碎，完整叶片展平后呈倒披针形，羽状深裂，边缘具不等长的针刺；上表面灰绿色或黄棕色，下表面色较浅，两面均具灰白色丝状毛。头状花序顶生，球形或椭圆形，总苞黄褐色，羽状冠毛灰白色。气微，味淡。

野外识别： 多年生草本。块根纺锤状。茎直立，有条棱，被稠密绒毛及多细胞节毛。基生叶较大，卵形，羽状深裂，柄翼边缘有刺；全部侧裂片边缘有锯齿。全部茎叶两面同色，绿色。头状花序直立。总苞钟状。总苞片约 6 层，覆瓦状排列，有针刺。全部苞片外面有微糙毛并沿中肋有粘腺。瘦果压扁，偏斜楔状倒披针状。小花红色或紫色。冠毛浅褐色，多层，基部联合成环，整体脱落；冠毛刚毛长羽毛状。花果期 4～11 月。

生　　境： 生于海拔 400～2 100 米的山坡林、林缘、灌丛、草地、荒地、田间、路旁或溪旁。

濒危等级： 无危(LC)。

性味与归经： 甘、苦，凉。归心、肝经。

功　　效： 用于凉血止血，散瘀解毒消痈。

采收和储藏： 夏、秋二季花开时采割地上部分，除去杂质，晒干。

混 伪 品： 丝毛飞廉 *Carduus crispus*、节毛飞廉 *Carduus acanthoides*、刺儿菜 *Cirsium setosum*、红大戟 *Knoxia valerianoides*。

薄荷

科名：Labiatae	药名：薄荷
种名：*Mentha haplocalyx* Briq.	别名：野薄荷

药用部位： 地上部分。

植物特征：

干燥成品识别： 薄荷叶对生，有短柄；叶片皱缩卷曲；上表面深绿色，下表面灰绿色，稀被茸毛，有凹点状腺鳞。轮伞花序腋生，花萼钟状，先端 5 齿裂，花冠淡紫色。干燥茎呈方柱形，质脆，断面白色，髓部中空。揉搓后有特殊清凉香气，味辛凉。

野外识别：多年生草本。茎直立，下部具纤细的须根及水平匍匐根状茎，锐四稜形，具四槽，多分枝。叶柄被微柔毛。轮伞花序腋生，轮廓球形，花梗纤细，被微柔毛；花萼管状钟形，外被微柔毛及腺点，内面无毛，10脉，萼齿5，狭三角状钻形，先端长锐尖。花冠淡紫，外面略被微柔毛，冠檐4裂。雄蕊4，花丝丝状，无毛，花药卵圆形，2室。花柱略超出雄蕊。花盘平顶。小坚果卵珠形，黄褐色，具小腺窝。花期7～9月，果期10月。

生　　境：生于水旁潮湿地，海拔可高达3 500米。

濒危等级：无危(LC)。

性味与归经：辛，凉。入肺经、肝经。

功　　效：用于疏散风热，清利头目，利咽透渗，疏干行气。

采收和储藏：夏、秋二季茎叶茂盛，采割，晒干。

混 伪 品：留兰香 *Mentha spicata*、风轮菜 *Clinopodium chinense*。

萹蓄

科名：Polygonaceae	**药名：**萹蓄
种名：*Polygonum aviculare* L.	**别名：**扁竹、竹叶草

药用部位：地上部分。

植物特征：

干燥成品识别：萹蓄茎呈圆柱形而略扁，有分枝，质硬，易折断，断面髓部白色；表面灰绿色或棕红色，有细密微突起的纵纹；节部稍膨大，有浅棕色膜质的托叶鞘。切面髓部白色。叶互生，全缘，两面均呈棕绿色，叶片多破碎，完整者展平后呈披针形。气微，味微苦。

野外识别：一年生草本。茎自基部多分枝，具纵棱。叶全缘，两面无毛，下面侧脉明显；托叶鞘膜质，下部褐色，上部白色，撕裂脉明显。苞片薄膜质；花梗细；花被5深裂，花被片椭圆形，绿色；雄蕊8，花丝基部扩展；花柱3，柱头头状。瘦果卵形，具3棱，黑褐色，密被由小点组成的细条纹，无光泽。花期5～7月，果期6～8月。

生　　境： 生于海拔 10～4 200 米的田边路、沟边湿地。

濒危等级： 无危(LC)。

性味与归经： 苦，微寒。归膀胱经。

功　　效： 用于利尿通淋，杀虫，止痒。

采收和储藏： 夏季叶茂盛时采收，除去根和杂质，晒干。

混 伪 品： 无。

广藿香

科名： Labiatae　　**药名：** 广藿香

种名： *Pogostemon cablin* (Blanco) Bent.　　**别名：** 大薄荷、排香草

药用部位： 地上部分。

植物特征：

干燥成品识别： 广藿香茎略呈方柱形，多分枝，枝条稍曲折；表面被柔毛，质脆，易折断，断面中部有髓；老茎类圆柱形，被灰褐色栓皮。叶对生，展平后叶片呈卵形；两面均被灰白色绒毛；边缘具大小不规则的钝齿；叶柄细，被柔毛。气香特异，味微苦。

野外识别： 多年生芳香草本或半灌木。茎直立，四棱形，分枝，被绒毛。叶圆形，边缘具齿裂，草质，被绒毛；叶柄被绒毛。轮伞花序，排列成穗状花序，密被长绒毛，具总梗；苞片线状披针形。花萼筒状，齿钻状披针形。花冠紫色，裂片外面均被长毛。雄蕊外伸，具髯毛。花盘环状。花期 4 月。

生　　境： 栽培种。

濒危等级： 无危(LC)。

性味与归经： 辛，微温。归脾、胃、肺经。

功　　效： 用于芳香氏浊，发表解暑，和中止呕。

采收和储藏： 枝叶茂盛时采割，日晒夜闷，反复至干。

混 伪 品： 无。

荆芥

科名：Labiatae
种名：*Nepeta cataria* L.
药名：荆芥
别名：薄荷、香薷

药用部位：地上部分。

植物特征：

干燥成品识别：荆芥茎呈四棱形，有分枝，具浅槽，被白色短柔毛；体轻，质脆。叶卵状，边缘锯齿，多脱落。分枝圆锥花序顶生。花冠多脱落，被短柔毛；小坚果卵形，灰褐色。气芳香，味微涩而辛凉。

野外识别：多年生植物。茎多分枝，基部木质化、近四棱形，具浅槽，被白色短柔毛。叶卵状，边缘锯齿，草质，上面黄绿色，被极短硬毛，下面略发白，被短柔毛但在脉上较密；叶柄细弱。花序为聚伞状，下部的腋生，上部的组成顶生分枝圆锥花序，聚伞花序呈二歧状分枝；苞片细小。花萼花时管状，外被白色短柔毛。花冠白色，下唇有紫点，外被白色柔毛，冠檐二唇形，上唇短，下唇 3 裂，边缘具粗牙齿。雄蕊内藏，花丝扁平，无毛。花柱线形。花盘杯状。子房无毛。小坚果卵形，几三棱状，灰褐色。花期 7～9 月，果期 9～10 月。

生　　境：多生于宅旁或灌丛中。

濒危等级：无危(LC)。

性味与归经：辛，微温。归肺、肝经。

功　　效：用于解表散风，透疹消疮。

采收和储藏：夏、秋二季花开到顶、穗绿时采割，除去杂质，晒干。

混 伪 品：罗勒 *Ocimum basilicum*。

老鹳草

科名：Geraniaceae
种名：*Geranium wilfordii* Maxim.
药名：老鹳草
别名：老鹳嘴、老鸦嘴、贯筋、老贯筋、老牛筋

药用部位：地上部分。

植物特征：

干燥成品识别：老鹳草叶对生；叶片卷曲皱缩，质脆易碎，完整者为二回羽状深裂，裂片披针线形。果实球形。茎较细，略短，表面灰绿色或带紫色，有纵沟纹和稀疏茸毛。质脆，断面黄白色，有的中空。气微，味淡。

野外识别：多年生草本。根茎直生，粗壮，具簇生纤维状细长须根。茎直立，单生，具棱槽，被倒向短柔毛。叶基生和茎生叶对生；基生叶片圆肾形，裂片倒卵状楔形，下部全缘，上部不规则状齿裂；茎生叶上部齿状浅裂，表面被短伏毛，背面沿脉被短糙毛。基生叶和茎下部叶具长柄，被倒向短柔毛；总花梗被倒向短柔毛，每梗具 2 花；苞片钻形；萼片卵状椭圆形，背面沿脉和边缘被短柔毛；花瓣白色或淡红色，倒卵形，内面基部被疏柔毛；雄蕊稍短于萼片，花丝淡棕色，下部扩展，被缘毛；雌蕊被短糙状毛，花柱分枝紫红色。蒴果被短柔毛和长糙毛。花期 6～8 月，果期 8～9 月。

生　　境：生于海拔 1 800 米以下的低山林下、草甸。

濒危等级：无危(LC)。

性味与归经：辛、苦，平。归肝、肾、脾经。

功　　效：用于祛风湿，通经络，止泻痢。

采收和储藏：夏、秋二季果实近成熟时采割，捆成把，晒干。

混 伪 品：无。

龙芽草

科名：Rosaceae	**药名：**仙鹤草
种名：*Agrimonia pilosa* Ldb.	**别名：**老鹤嘴、路边黄

药用部位：地上部分。

植物特征：

干燥成品识别：龙芽草全体被白色柔毛。茎下部圆柱形，红棕色，上部方柱形，四面略凹陷，绿褐色，有纵沟和棱线，有节；体轻，质硬，易折断，断面中空。单数羽状复叶互生，暗绿包，皱缩卷曲；质脆，易碎；叶片有大小 2 种，相间生于叶轴上，顶端小叶较大，完整小叶片展平后呈卵形或长椭圆形，先端尖，基部楔形，边缘有锯齿；托叶 2，抱茎，斜卵形。总状花序细长，花萼下部呈筒状，萼筒上部有钩刺,先端5裂,花瓣黄色。气微,味微苦。

野外识别:多年生草本。根多呈块茎状,周围长出若干侧根,根茎短,基部常有1至数个地下芽。茎、叶柄、花序轴和花梗均被柔毛。叶为间断奇数羽状复叶;托叶草质,绿色,镰形,稀卵形,顶端急尖,边缘有尖锐锯齿,稀全缘,茎下部托叶常全缘。花序穗状总状顶生;苞片通常深3裂,小苞片对生,卵形;萼片5,三角卵形;花瓣黄色,长圆形;花柱2,丝状,柱头头状。果实倒卵圆锥形,外面有10条肋,被疏柔毛,顶端有数层钩刺,幼时直立,成熟时靠合。花果期5~12月。

生　　境:常生于海拔100~3 800米的溪边、路旁、草地、灌丛、林缘及疏林下。

濒危等级:无危(LC)。

性味与归经:苦、涩,平。归心、肝经。

功　　效:用于收敛止血,止痢,解毒,补虚。

采收和储藏:夏、秋二季茎叶茂盛时采割,除去杂质,干燥。

混 伪 品:无。

马齿苋

科名:Portulacaceae

种名:*Portulaca oleracea* L.

药名:马齿苋

别名:瓜子菜、五行草、长命菜、五方草、五行菜、猪肥菜

药用部位:地上部分。

植物特征:

干燥成品识别:马齿苋多皱缩卷髓,常结成团。茎圆柱形,表面黄褐色,有明显纵沟纹。叶易破碎,完整叶片倒卵形,绿褐色,全缘。花小,花瓣5,黄色。蒴果圆锥形,内含多数细小种子。气微,味微酸。

野外识别:一年生草本。全株无毛。茎伏地

铺散，多分枝，圆柱形。叶互生，扁平，肥厚，倒卵形，基部楔形，全缘；叶柄粗短。花无梗；苞片叶状，膜质，近轮生；萼片2，对生，绿色，盔形，左右压扁，顶端急尖；花瓣5，黄色，倒卵形，顶端微凹；雄蕊花药黄色。蒴果卵球形，盖裂；种子细小，多数，偏斜球形，黑褐色，有光泽，具小疣状凸起。花期5～8月，果期6～9月。

生　　境： 常生于菜园、农田、路旁。

濒危等级： 无危(LC)。

性味与归经： 酸，寒。归肝、大肠经。

功　　效： 用于清热解毒，凉血止血，止痢。

采收和储藏： 夏、秋二季采收，除去残根和杂质，洗净，略蒸或烫后晒干。

混 伪 品： 垂盆草 *Sedum sarmentosum*、凹叶景天 *Sedum emarginatum*。

黄花蒿

科名： Compositae　　**药名：** 青蒿

种名： *Artemisia annua* L.　　**别名：** 黄花蒿、酒饼草

药用部位： 地上部分。

植物特征：

干燥成品识别： 黄花蒿叶互生，暗绿色，卷缩易碎，完整者展平后为三回羽状深裂，裂片和小裂片长椭圆形，两面被短毛。茎呈圆柱形，上部多分枝，表面棕黄色，具纵棱线；质略硬，易折断，断面中部有髓。气香特异，味微苦。

野外识别： 一年生草本。植株有浓烈的挥发性香气。根单生，垂直，狭纺锤形；茎单生，有纵棱，幼时绿色，后变褐色或红褐色，多分枝。叶纸质，绿色；茎下部叶三角状卵形，绿色，两面具细小脱落性的白色腺点，基部有半抱茎的假托叶。头状花序球形，多数，有短梗，在分枝上排成总状或复总状花序，并在茎上组成圆锥花序；总苞片3～4层，边膜质；花深黄色，花冠狭管状，檐部具2(～3)裂齿，外面有腺点；花冠管状，上端附属物尖，花柱近与花冠等长，有短睫毛。瘦果小，椭圆状卵形，略扁。花果期8～11月。

生　　境： 生长在路旁、荒地、山坡、林缘等处，遍及全国。

濒危等级： 无危(LC)。

性味与归经： 苦、辛，寒。归肝、胆经。

功　　效：用于清虚热，解暑热，截疟，退黄。

采收和储藏：秋季花盛开时采割，除去老茎，阴干。

混　伪　品：无。

石香薷

科名：Labiatae	药名：香薷
种名：*Mosla chinensis* Maxim.	别名：荆芥、拉拉香、排香草

药用部位：地上部分。

植物特征：

干燥成品识别：香薷茎方柱形，基部类圆形，节明显；质脆，易折断。基部紫红色，上部黄绿色，全体密被白色茸毛。叶对生，叶片展开后呈长卵形，暗绿色，边缘有3～5疏浅锯齿。穗状花序顶生及腋生，苞片圆卵形；花萼宿存，钟状，淡紫红色或灰绿色，先端5裂，密被茸毛。小坚果4，近圆球形，具网纹。气清香而浓，味微辛而凉。

野外识别：直立草本。茎纤细，被白色疏柔毛。叶披针形，边缘具浅锯齿，两面均被疏短柔毛及棕色凹陷腺点；叶柄被疏短柔毛。总状花序头状；苞片覆瓦状排列，圆倒卵形，先端短尾尖，全缘，边缘具睫毛，5脉，自基部掌状生出；花梗短，被疏短柔毛。花萼钟形，外面被白色绵毛及腺体，内面在喉部以上被白色绵毛，下部无毛，萼齿5，钻形，果时花萼增大。花冠外面被微柔毛。雄蕊及雌蕊内藏。花盘前方呈指状膨大。小坚果球形，灰褐色，具深雕纹，无毛。花期6～9月，果期7～11月。

生　　境：生于草坡或林下，海拔至1 400米。

濒危等级：无危(LC)。

性味与归经：辛，微温。归肺、胃经。

功　　效：用于发汗解表，和中利湿。

采收和储藏：夏季茎叶茂盛、花盛时采割，除去杂质，阴干。

混　伪　品：穗状香薷 *Elsholtzia stachyodes*。

鸭跖草

科名： Commelinaceae　　**药名：** 鸭跖草
种名： *Commelina communis* L.　　**别名：** 耳环草

药用部位： 地上部分。

植物特征：

干燥成品识别： 鸭跖草黄绿色，较光滑。茎有纵棱，多有分枝或须根，节稍膨大；质柔软，断面中心有髓。叶互生，多皱缩、破碎，完整叶片展平后呈披针形；先端尖，全缘，基部下延成膜质叶鞘，抱茎，叶脉平行。花多脱落，总苞佛焰苞状，心形，两边不相连；花瓣皱缩，蓝色。气微，味淡。

野外识别： 一年生披散草本。茎匍匐生根，多分枝，下部无毛，上部被短毛。叶披针形。总苞片佛焰苞状，与叶对生，折叠状，展开后为心形，顶端短急尖，基部心形，边缘常有硬毛；聚伞花序；萼片膜质，内面 2 枚常靠近或合生；花瓣深蓝色；内面 2 枚具爪。蒴果椭圆形，2 室，2 爿裂，有种子 4 颗。种子棕黄色，一端平截、腹面平，有不规则窝孔。

生　　境： 常见，生于湿地。

濒危等级： 无危(LC)。

性味与归经： 甘、淡，寒。归肺、胃、小肠经。

功　　效： 用于清热泻火，解毒，利水消肿。

采收和储藏： 夏、秋二季采收，晒干。

混　伪　品： 饭包草 *Commelina bengalensis*。

淡竹叶

科名： Poaceae　　**药名：** 淡竹叶
种名： *Lophatherum gracile* Brongn　　**别名：** 野麦冬、山鸡米

药用部位：地上部分。

植物特征：

干燥成品识别：淡竹叶的干燥茎呈圆柱形，有节，表面淡黄绿色，断面中空。叶鞘开裂。叶片披针形，有的皱缩卷曲；表面浅绿色或黄绿色。叶脉平行，具横行小脉，形成长方形的网格状，下表面尤为明显。体轻，质柔韧。气微，味淡。

野外识别：多年生，具木质根头。须根中部膨大呈纺锤形小块根。秆直立，疏丛生，具5～6节。叶舌质硬，褐色，背有糙毛；叶片披针形，具横脉，基部收窄成柄状。圆锥花序；小穗线状披针形，具极短柄；颖顶端钝，具5脉，边缘膜质；第一外稃具7脉，顶端具尖头，内稃较短，其后具小穗轴；不育外稃向上渐狭小，互相密集包卷，顶端具短芒；雄蕊2枚。颖果长椭圆形。花果期6～10月。

生　　境：生于山坡、林地、道旁庇荫处。

濒危等级：无危(LC)。

性味与归经：甘、淡，寒。归心、胃、小肠经。

功　　效：用于清热泻火，除烦止渴，利尿通淋。

采收和储藏：夏季未抽花穗前采割，晒干。

混 伪 品：芦苇 *Phragmites australis*、箬竹 *Indocalamus tessellatus*、求米草 *Oplismenus undulatifolius*。

第八节　枝条和藤茎类植物

清风藤

科名：Sabiaceae	药名：清风藤
种名：*Sabia japonica* Maxim.	别名：寻风藤

药用部位：藤茎。

植物特征：

干燥成品识别：清风藤干燥藤茎呈长圆柱形，微弯曲。表面绿褐色至棕褐色，有细纵纹及皮孔。节部稍膨大有分枝。体轻，质硬而脆，易折断，断而不平坦，灰黄色或淡灰棕色，皮部窄，木部有放射状纹理，其间具多数小孔，髓部淡黄白色。气微，味苦。

野外识别：落叶攀援木质藤本。嫩枝绿色，被细柔毛，老枝紫褐色，具白蜡层。芽鳞阔卵形，具缘毛。叶近纸质，卵状椭圆形，叶面深绿色，中脉有稀疏毛，叶背带白色，脉上被稀疏柔毛；叶柄被柔毛。花先叶开放，单生于叶腋，基部有苞片4枚，苞片倒卵形；萼片5，近圆形，具缘毛；花瓣5片，淡黄绿色，倒卵形，具脉纹；雄蕊5枚，花药狭椭圆形，外向开裂；花盘杯状，有5裂齿；子房卵形，被细毛。核有明显的中肋，两侧面具蜂窝状凹穴，腹部平。花期2～3月，果期4～7月。

生　　境：生于海拔800米以下的山谷、林缘灌木林中。

濒危等级：无危(LC)。

性味与归经：辛；苦；温。归肝经。

功　　效：用于祛风湿，通络，止痛。

采收和储藏：秋末冬初采割，扎把或切片，晒干。

混 伪 品：鸡矢藤 *Paederia scandens*。

桑

科名: Moraceae	**药名:** 桑枝
种名: *Morus alba* L.	**别名:** 家桑

药用部位: 嫩枝。

植物特征:

干燥成品识别: 桑的干燥嫩枝呈长圆柱形。表面灰黄色,有多数黄褐色点状皮孔及细纵纹,并有灰白色略呈半圆形的叶痕和黄棕色的腋芽。质坚韧,不易折断,断面纤维性。皮部较薄,木部黄白色,射线放射状,髓部白色或黄白色。气微,味淡。

野外识别: 参见第 64 页“桑”。

生　　境: 栽培种。

濒危等级: 无危(LC)。

性味与归经: 微苦,平。归肝经。

功　　效: 用于祛风湿,利关节。

采收和储藏: 春末夏初采收,去叶,晒干,或趁鲜切片,晒干。

混 伪 品: 无。

钩藤

科名: Rubiaceae	**药名:** 钩藤
种名: *Uncaria rhynchophylla* (Miq.) Miq. ex Havil., *U. macrophylla* Wall.	**别名:** 双钩藤、大钩丁、大叶钩藤

药用部位: 带钩茎枝。

植物特征:

干燥成品识别: 钩藤的干燥茎枝呈柱形。多数枝节上对生两个向下弯曲的钩(不育花序梗),或仅一侧有钩,另一侧为突起的疤痕;钩略扁或稍圆,先端细尖,基部较阔;钩基部的枝上可见叶柄脱落后的窝点状痕迹和环状的托叶痕。质坚韧,断面黄棕色,皮部纤维性,髓部黄白色或中空。气微,味淡。

野外识别: 【钩藤 *Uncaria rhynchophylla*】藤本。嫩枝较纤细,方柱形或略有 4 棱角,无毛。

叶纸质,椭圆形或椭圆状长圆形,两面均无毛,干时褐色或红褐色,顶端短尖或骤尖,基部楔形至截形;叶柄无毛;托叶狭三角形,深2裂,外面无毛。头状花序,单生叶腋,总花梗具一节,苞片微小,或成单聚伞状排列,总花梗腋生;小苞片线形或线状匙形;花近无梗;花萼管疏被毛,萼裂片近三角形,疏被短柔毛,顶端锐尖;花冠裂片卵圆形,外面无毛或略被粉状短柔毛,边缘有时有纤毛;花柱伸出冠喉外,柱头棒形。小蒴果被短柔毛,宿存萼裂片近三角形,星状辐射。花、果期5～12月。【大叶钩藤 *Uncaria macrophylla*】大藤本。叶对生,近革质,卵形或阔卵圆形,基部圆或心形,两面被毛;托叶深2裂。头状花序单生叶腋,或成简单聚伞状排列。总花梗具一节,腋生;花序轴有稠密的毛,无小苞片;花萼管漏斗状,被淡黄褐色绢状短柔毛,萼裂片线状长圆形,被短柔毛;花冠管外面被苍白色短柔毛,花冠裂片长圆形,外面被短柔毛;花柱伸出冠管外,柱头长圆形。小蒴果有苍白色短柔毛,宿存萼裂片线形,星状辐射;种子两端有白色膜质的翅,仅一端的翅2深裂。花期夏季。

生　　境:【钩藤 *Uncaria rhynchophylla*】常生于山谷溪边的疏林或灌丛中。【大叶钩藤 *Uncaria macrophylla*】生于海拔600～1 500米的次生林或路边灌丛中。

濒危等级: 无危(LC)。

性味与归经: 甘,凉。归肝、心包经。

功　　效: 用于息风定惊,清热平肝。

采收和储藏: 秋、冬二季采收,晒干。

混 伪 品: 攀茎钩藤 *Uncaria scandens*。

流苏石斛

科名: Orchidaceae	药名: 石斛
种名: *Dendrobium fimbriatum* Hook.	别名: 黑节草

药用部位: 茎。

植物特征:

干燥成品识别: 流苏石斛的茎呈长圆柱形,节明显。表面黄色,有深纵槽。质疏松,断面纤维性。味淡或微苦,嚼之有黏性。

野外识别：茎粗壮，质地硬，不分枝，具多数节，多数纵槽。叶2列，革质，先端急尖，基部具紧抱于茎的革质鞘。总状花序，花序轴较细，稍弯曲；花序柄基部被数枚套叠的鞘；鞘膜质，筒状；花苞片膜质，卵状三角形；花金黄色，质地薄，开展，稍具香气；唇瓣近圆形，基部两侧具紫红色条纹，边缘具复流苏，唇盘具1个新月形横生的深紫色斑块，上面密布短绒毛；蕊柱黄色；药帽黄色，圆锥形，光滑，前端边缘具细齿。花期4～6月。

生　　境：生于海拔600～1 700米山地林中树干上或山谷岩石上。

濒危等级：易危(VU)。

性味与归经：甘，微寒。归胃、肾经。

功　　效：用于益胃生津，滋阴清热。

采收和储藏：【鲜用】全年均可采收，除去根，洗净；【干用】采收后，洗净，用开水略烫或烘软，叶鞘搓干净，晒干。

混 伪 品：串珠石斛 *Dendrobium falconeri*、石仙桃 *Pholidota chinensis*、马鞭草 *Verbena officinalis*、叠鞘石斛 *Dendrobium aurantiacum* var. *denneanum*、铁皮石斛 *Dendrobium officinale*、流苏金石斛 *Flickingeria fimbriata*、赤唇石豆兰 *Bulbophyllum affine*。

铁包金

科名：Rhamnaceae	**药名**：铁包金
种名：*Berchemia lineata* (L.) DC.	**别名**：老鼠耳

药用部位：茎藤。

植物特征：

干燥成品识别：铁包金干燥的茎藤呈圆柱形，多分枝，表面黄绿色至棕褐色，外被蜡质，韧性大，难折断，皮部薄，木质部浅黄色，断面纹理致密。气微，味淡。

野外识别：参见第52页“铁包金”。

濒危等级：易危(VU)。

性味与归经：微苦、涩，平。归心、肺经。

功　　效：用于止咳，祛痰，散疼。

采收和储藏：夏末初秋，孕蕾前割取嫩茎叶，除去杂质，切碎，鲜用或晒干。

第九节　茎髓类植物

灯心草

科名：Juncaceae	药名：灯心草
种名：*Juncus effuses* L.	别名：秧草、水灯心、野席草、龙须草、水葱

药用部位：茎髓。

植物特征：

干燥成品识别：灯心草干燥的茎髓呈细圆柱形。表面淡黄白色，有细纵纹。体轻，质软，略有弹性，易拉断，断面白色。气微，味淡。

野外识别：多年生草本。根状茎粗壮横走，具黄褐色稍粗的须根。茎丛生，直立，圆柱型，淡绿色，具纵条纹，茎内充满白色的髓心。叶全部为低出叶，呈鞘状或鳞片状，包围在茎的基部，基部红褐至黑褐色；叶片退化为刺芒状。聚伞花序假侧生，含多花，排列紧密或疏散；总苞片圆柱形，生于顶端，直立，顶端尖锐；小苞片 2 枚，宽卵形，膜质，顶端尖；花淡绿色；花被片线状披针形，顶端锐尖，背脊增厚突出，黄绿色，边缘膜质；雄蕊 3 枚；花药长圆形，黄色，稍短于花丝；雌蕊具 3 室子房；花柱极短；柱头 3 分叉。蒴果长圆形，黄褐色。种子卵状长圆形，黄褐色。花期 4～7 月，果期6～9 月。

生　　境：生于海拔 1 650～3 400 米的河边、池旁、水沟，稻田旁、草地及沼泽湿处，全世界温暖地区均有分布。

濒危等级：无危(LC)。

性味与归经：甘、淡，微寒。归心、肺、小肠经。

功　　效：用于清心火，利小便。

采收和储藏: 夏末至秋季割取茎,晒干,取出茎髓,理直,扎成小把。

混　伪　品: 无。

青竿竹

科名: Gramineae	药名: 竹茹
种名: *Bambusa tuldoides* Munro	别名: 青竿竹、水竹、硬头黄竹

药 用 部 位: 茎髓。

植 物 特 征:

干燥成品识别: 青竿竹的干燥茎秆中间层为卷曲成团的不规则丝条或呈长条形薄片状。宽窄厚薄不等,浅绿色、黄绿色或黄白色。纤维性,体轻松,质柔韧,有弹性。气微,味淡。

野外识别: 竿尾梢略下弯;幼时薄被白蜡粉,无毛,竿壁厚;节处微隆起,基部节处各环生一圈灰白色绢毛。箨舌条裂,边缘密生短流苏状毛;箨片直立,易脱落,呈不对称的卵状三角形,背面疏生脱落性棕色贴生小刺毛,腹面脉间被棕色小刺毛,先端渐尖具锐利硬尖头。叶舌极低矮,近截形,全缘,被极短的纤毛;叶片披针形,下表面密被短柔毛。簇丛基部托以鞘状苞片,淡绿色,稍扁,线状披针形;脊上被纤毛;具芽苞片2片,无毛;子房倒卵形,具柄,顶部增厚并被长硬毛,花柱被长硬毛,柱头3,羽毛状。颖果圆柱形,稍弯,顶端钝圆而增厚,并被长硬毛和残留的花柱。

生　　　境: 生于低丘陵地或溪河两岸,也常栽培于村落附近。

濒 危 等 级: 无危(LC)。

性味与归经: 甘,微寒。归肺、胃,心、胆经。

功　　　效: 用于清热化痰,除烦止呕。

采收和储藏: 全年均可采制,取新鲜茎,除去外皮,将稍带绿色的中间层刮成丝条,或削成薄片,捆扎成束,阴干,切段。

混　伪　品: 无。

中国旌节花

科名：Araliaceae	药名：通草
种名：*Stachyurus chinensis* Franch.	别名：通草花

药用部位：茎髓。

植物特征：

干燥成品识别：中国旌节花干燥的茎髓呈圆柱形。表面白色或淡黄色，无纹理。体轻，质松软，捏之能变形，有弹性，易折断，断面平坦，无空心，显银白色光泽。水浸后有黏滑感。气微，味淡。

野外识别：落叶灌木。树皮光滑紫褐色；小枝粗壮，圆柱形，具淡色椭圆形皮孔。叶于花后发出，互生，纸质至膜质，边缘为圆齿状锯齿，细脉网状，上面亮绿色，下面灰绿色；叶柄常暗紫色。穗状花序腋生，先叶开放，无梗；花黄色；苞片1枚，三角状卵形，顶端急尖；小苞片2枚，卵形；萼片4枚，黄绿色，卵形，顶端钝；花瓣4枚，卵形，顶端圆形；雄蕊8枚，与花瓣等长，纵裂，2室；子房瓶状，被微柔毛，柱头头状，不裂。果实圆球形，无毛，近无梗，基部具花被的残留物。花粉粒球形，具三孔沟。花期3～4月，果期5～7月。

生　　境：生于海拔400～3 000米的山坡谷地林中或林缘。

濒危等级：无危(LC)。

性味与归经：甘、淡，寒。归肺、胃经。

功　　效：用于清热，利尿，下乳。

混 伪 品：假通草 *Euaraliopsis ciliata*、半边月 *Weigela japonica* var. *sinica*、棣棠花 *Kerria japonica*、西域旌节花 *Stachyurus himalaicus*、中国旌节花 *Stachyurus chinensis*。

第十节　树皮类植物

杜仲

科名： Eucommiaceae
种名： *Eucommia ulmoides* Oliver
药名： 杜仲
别名： 扯丝皮

药用部位： 树皮。

植物特征：

干燥成品识别： 杜仲干燥的树皮呈板片状或两边稍向内卷。外表面淡棕色，有明显的皱纹或纵裂槽纹。内表面暗紫色，光滑。质脆，易折断，断面有细密、银白色、富弹性的橡胶丝相连。气微，味稍苦。

野外识别： 落叶乔木。树皮灰褐色，粗糙，内含橡胶，折断拉开有多数细丝。老枝有明显的皮孔。芽体卵圆形，外面发亮，红褐色，边缘有微毛。叶薄革质；侧脉6～9对起；边缘有锯齿；叶柄上面有槽，被散生长毛。花梗无毛；苞片倒卵状匙形，顶端圆形，边缘有睫毛，早落；雌花单生，苞片倒卵形，子房无毛。翅果扁平，长椭圆形，先端2裂，周围具薄翅；坚果位于中央，稍突起。种子扁平，线形，两端圆形。早春开花，秋后果实成熟

生　　境： 生长于海拔300～500米的低山、谷地或疏林。

濒危等级： 易危(VU)。

性味与归经： 甘，温。归肝、肾经。

功　　效： 用于补肝肾，强筋骨。

采收和储藏： 每年4～6月剥皮，堆置内皮呈紫褐色，晒干。

混 伪 品： 大果卫矛 *Euonymus myrianthus*、疏花卫矛 *Euonymus laxiflorus*、西南卫矛 *Euonymus hamiltonianus*、白杜 *Euonymus maackii*、花皮胶藤 *Ecdysanthera utilis*、杜仲藤

Parabarium micranthum、紫花络石 *Trachelospermum axillare*、少花腰骨藤 *Ichnocarpus oliganthus*、栀子皮 *Itoa orientalis*。

黄檗

科名： Rutaceae　**药名：** 关黄柏

种名： *Phellodendron amurense* Rupr.　**别名：** 山黄柏

药用部位： 树皮。

植物特征：

干燥成品识别： 黄檗干燥的树皮呈板片状或浅槽状。外表面黄绿色或淡棕黄色，较平坦，有不规则的纵裂纹；内表面黄棕色。体轻，质较硬，断面纤维性，有的呈裂片状分层，鲜黄色。气微，味极苦，嚼之有黏性。

野外识别： 枝扩展，成年树的树皮有厚木栓层，浅灰色，内皮薄，鲜黄色，味苦，黏质，小枝暗紫红色，无毛。叶轴及叶柄均纤细，小叶薄纸质，卵形，顶部长渐尖，基部阔楔形，叶缘有细钝齿和缘毛，叶背仅基部中脉两侧密被长柔毛，秋季落叶前叶色由绿转黄而明亮，毛被大多脱落。花序顶生；萼片细小，阔卵形；花瓣紫绿色。果圆球形，蓝黑色，通常有 5～10 浅纵沟，干后较明显；种子通常 5 粒。花期 5～6 月，果期 9～10 月。

生　　境： 生于山地杂木林中或山区河谷沿岸。

濒危等级： 无危(LC)。

性味与归经： 苦，寒。归肾、膀胱经。

功　　效： 用于清热燥湿，泻火除蒸，解毒疗疮。

采收和储藏： 剥取树皮，除去粗皮，晒干。

混 伪 品： 无。

铁冬青

科名：Aquifoliaceae
种名：*Ilex rotunda* Thunb.
药名：救必应
别名：山冬青

药用部位：树皮。

植物特征：

干燥成品识别：铁冬青干燥的树皮呈卷筒状或略卷曲的板状。外表面灰白色至浅褐色，较粗糙，有皱纹。内表面黄绿色、黄棕色或黑褐色，有细纵纹。质硬而脆，断面略平坦。气微香，味苦、微涩。

野外识别：常绿灌木或乔木。树皮灰色至灰黑色。小枝圆柱形，挺直，较老枝具纵裂缝，叶痕稍隆起，皮孔不明显；顶芽圆锥形，小。叶片薄革质或纸质，全缘，稍反卷，两面无毛；叶柄无毛，上面具狭沟，顶端具叶片下延的狭翅；托叶钻状线形，早落。聚伞花序或伞形状花序。雄花序：总花梗无毛，基部卵状三角形；花白色，4 基数；花萼盘状，被微柔毛，4 浅裂；花冠辐状，花瓣长圆形；退化子房垫状，中央具喙。花白色；花萼浅杯状，无毛，5 浅裂，啮齿状；花冠辐状，花瓣倒卵状长圆形；子房卵形，柱头头状。果近球形，成熟时红色，宿存柱头厚盘状，凸起。花期 4 月，果期 8～12 月。

生　　境：生于海拔 400～1 100 米的山坡常绿阔叶林中和林缘。

濒危等级：无危(LC)。

性味与归经：苦，寒。归肺、胃、大肠、肝经。

功　　效：用于清热解毒，利湿止痛。

采收和储藏：夏、秋二季剥取，晒干。

混 伪 品：厚朴 *Magnolia officinalis*。

第十一节　果皮类植物

石榴

科名： Punicaceae　　**药名：** 石榴皮

种名： *Punica granatum* L.　　**别名：** 安石榴

药用部位： 果皮。

植物特征：

干燥成品识别： 石榴干燥的果皮呈不规则的片状或瓢状。外表面红棕色、棕黄色或暗棕色，略有光泽，粗糙，有多数疣状突起，有的有突起的筒状宿萼及粗短果梗或果梗痕。内表面黄色或红棕色，有隆起呈网状的果蒂残痕。质硬而脆，断面黄色，略显颗粒状。气微，味苦涩。

野外识别： 落叶灌木或乔木。枝顶常成尖锐长刺，幼枝具棱角，无毛，老枝近圆柱形。叶通常对生，纸质，矩圆状披针形，上面光亮，侧脉稍细密；叶柄短。花大，1～5 朵生枝顶；萼筒常红色或淡黄色，裂片略外展，卵状三角形，外面近顶端有 1 黄绿色腺体，边缘有小乳突；花瓣通常大，红色、黄色或白色，顶端圆形；花丝无毛；花柱长超过雄蕊。浆果近球形，通常为淡黄褐色或淡黄绿色，有时白色，稀暗紫色。种子多数，钝角形，红色至乳白色，肉质的外种皮供食用。

生　　境： 温带和热带地区均有种植。

濒危等级： 无危(LC)。

性味与归经： 酸、涩，温。归大肠经。

功　　效： 用于涩肠止泻，止血，驱虫。

采收和储藏： 秋季果实成熟后，收集果皮，切块，晒干。

混 伪 品： 无。

柚

科名： Rutaceae
种名： *Citrus maxima*（Burm.）Merr.
药名： 橘红
别名： 化橘红、光五爪

药用部位： 外层果皮。

植物特征：

干燥成品识别： 柚的干燥外层果皮呈对折的七角或展平的五角星状，单片呈柳叶形。外表面黄绿色至黄棕色，无毛，有皱纹及小油室；内表面黄白色或淡黄棕色，有脉络纹。质脆，易折断，断面不整齐，外缘有1列不整齐的下凹的油室，内侧稍柔而有弹性。气芳香，味苦、微辛。

野外识别： 乔木。嫩枝、叶背、花梗、花萼及子房均被柔毛，嫩叶通常暗紫红色，嫩枝扁且有棱。叶质颇厚，色浓绿，阔卵形。总状花序；花蕾淡紫红色，稀乳白色；花萼不规则5～3浅裂；花柱粗长，柱头略较子房大。果圆球形，扁圆形，梨形或阔圆锥状，淡黄或黄绿色，果皮海绵质，油胞大，凸起，果心实但松软，瓢囊10～19瓣，汁胞白色、粉红或鲜红色。花期4～5月，果期9～12月。

生　　境： 栽培种。

濒危等级： 无危（LC）。

性味与归经： 辛、苦，温。归肺、脾经。

功　　效： 用于理气宽中，燥湿化痰。

采收和储藏： 夏季果实未成熟时采收，置沸水中略烫后，将果皮割成5或7瓣，除去果瓤和部分中果皮，压制成形，干燥。

混 伪 品： 香橼 *Citrus medica*、佛手 *Citrus medica* var. *sarcodactylis*。

橘

科名： Rutaceae
种名： *Citrus reticulata* Blanco
药名： 陈皮
别名： 柑橘、柑

药用部位：外层果皮。

植物特征：

干燥成品识别：陈皮干燥外表面橙红色，有细皱纹和凹下的点状油室；内表面浅黄白色，粗糙，附黄白色或黄棕色经络状维管束。质稍硬而脆。气香、味辛、苦。

野外识别：乔木。分枝多，枝扩展或略下垂，刺较少。单身复叶，翼叶通常狭窄，或仅有痕迹，叶片披针形，椭圆形或阔卵形，大小变异较大，顶端常有凹口，中脉由基部至凹口附近成叉状分枝，叶缘至少上半段通常有钝或圆裂齿，很少全缘。花单生或2～3朵簇生；花萼不规则5～3浅裂；花瓣通常长1.5厘米以内；雄蕊20～25枚，花柱细长，柱头头状。果形种种，通常扁圆形至近圆球形，果皮甚薄而光滑，或厚而粗糙，淡黄色，朱红色或深红色，甚易或稍易剥离，橘络甚多或较少，呈网状，易分离，通常柔嫩，中心柱大而常空，稀充实，瓢囊7～14瓣，稀较多，囊壁薄或略厚，柔嫩或颇韧，汁胞通常纺锤形，短而膨大，稀细长，果肉酸或甜，或有苦味，或另有特异气味；种子或多或少数，稀无籽，通常卵形，顶部狭尖，基部浑圆，子叶深绿、淡绿或间有近于乳白色，合点紫色，多胚，少有单胚。花期4～5月，果期10～12月。

生　　境：广泛栽培。

濒危等级：无危(LC)。

性味与归经：辛、苦，温。归肺、脾经。

功　　效：用于理气健脾，燥湿化痰。

采收和储藏：秋末冬初果实成熟后采收，用刀削下外果皮，晒干或阴干。

混 伪 品：无。

冬瓜

科名：Cucurbitaceae　　**药名：**冬瓜皮

种名：*Benincasa hispida* (Thunb.) Cogn.　　**别名：**白冬瓜

药用部位：外层果皮。

植物特征：

干燥成品识别：冬瓜皮为不规则的碎片，常向内卷曲，大小不一。外表面灰绿色，被有白霜；内表面较粗糙。体轻，质脆。气微，味淡。

野外识别：一年生蔓生或架生草本。茎与叶柄被黄褐色硬毛及长柔毛；叶片肾状近圆形，先端急尖，边缘有小齿，表面深绿色，稍粗糙，有疏柔毛；背面粗糙，灰白色，有粗硬毛，叶脉在叶背面稍隆起，密被毛。卷须2～3歧。雌雄同株；花单生。花萼筒宽钟形，密生刚毛状长柔毛，裂片披针形，有锯齿，反折；花冠黄色，辐状，裂片宽倒卵形，两面有稀疏的柔毛，先端钝圆，具5脉；雄蕊3，离生；柱头3，2裂。果实长圆柱状，大型，有硬毛和白霜。种子卵形，压扁，有边缘。

生　　境：中国各地有栽培。

濒危等级：无危(LC)。

性味与归经：甘，凉。归脾、小肠经。

功　　效：用于利尿消肿。

采收和储藏：洗净冬瓜，削取外层果皮，晒干。

混 伪 品：无。

槟榔

科名： Palmae	**药名：**大腹皮
种名： *Areca catechu* L.	**别名：**大腹子、橄榄子

药用部位：果皮。

植物特征：

干燥成品识别：槟榔略呈椭圆形。外果皮深棕色至近黑色，具不规则的纵皱纹及隆起的横纹，顶端有花柱残痕，基部有果梗及残存萼片。内果皮凹陷，褐色或深棕色，光滑呈硬壳状。体轻，质硬，纵向撕裂后可见中果皮纤维。气微，味微涩。

野外识别：茎直立，乔木，有明显的环状叶痕。叶簇生于茎顶，羽片多数，两面无毛，狭长披针形，上部的羽片合生，顶端有不规则齿裂。雌雄同株，花序多分枝，花序轴粗壮压扁，分枝曲折，上部纤细；雄花小，无梗，常单生，萼片卵形，花瓣长圆形，雄蕊6枚，花丝短，退化雌蕊3枚，线形；雌花较大，萼片卵形，花瓣近圆形，退化雄蕊6枚，合生；子房长圆形。果实橙黄色，中果皮厚，纤维质。种子卵形，胚乳嚼烂状，胚基生。花果期3～4月。

生　　境：亚洲热带地区广泛栽培。

濒危等级：无危(LC)。

性味与归经：苦、辛，温。归胃、大肠经。

功　　效：用于杀虫，消积，行气，利水。

采收和储藏：冬季至第二年春天，采收未成熟的果实，煮后干燥，剥取果皮。

混 伪 品：棕榈 *Trachycarpus fortunei*。

第十二节　刺类植物

皂荚

科名：Caesalpiniaceae	药名：皂角刺
种名：*Gleditsia sinensis* Lam.	别名：皂角、皂荚树、猪牙皂、牙皂、刀皂

药用部位：棘刺。

植物特征：

干燥成品识别：皂荚的棘刺包括主刺和1～2次分枝的棘刺。主刺长圆锥形；分枝刺刺端锐尖。表面紫棕色或棕褐色。体轻，质坚硬，不易折断。切片常带有尖细的刺端；木部黄白色，髓部疏松，淡红棕色；质脆，易折断。气微，味淡。

野外识别：乔木。枝灰色至深褐色；刺粗壮，圆柱形，常分枝，多呈圆锥状。一回羽状复叶，小叶纸质，具小尖头，边缘具细锯齿，被短柔毛；网脉明显；小叶柄被短柔毛。花杂性，黄白色，组成总状花序；雄花：花托深棕色，外面被柔毛；萼片4，三角状披针形；花瓣4，长圆形；胚珠多数。荚果带状，果肉稍厚，两面鼓起，弯曲作新月形；果瓣革质，褐棕色或红褐色，常被白色粉霜；种子多颗，棕色，光亮。花期3～5月，果期5～12月。

生　　境：生于海拔自平地至2 500米的山坡林中或谷地、路旁。

濒危等级：无危(LC)。

性味与归经：辛，温。归肝、胃经。

功　　效：用于消肿托毒，排脓，杀虫。

采收和储藏：全年均可采收，干燥，或趁鲜切片，干燥。

混 伪 品：马甲子 *Paliurus ramosissimus*、山莓 *Rubus corchorifolius*、山皂荚 *Gleditsia japonica*、华南皂荚 *Gleditsia fera*、绒毛皂荚 *Gleditsia japonica* var. *velutina*。

第十三节　孢子类植物

海金沙

科名：Lygodiaceae	药名：海金沙
种名：*Lygodium japonicum*（Thunb.）Sw.	别名：铁蜈蚣、金砂截、罗网藤、铁线藤

药用部位：成熟孢子。

植物特征：

干燥成品识别：海金沙干燥成熟的孢子呈粉末状，棕黄色或浅棕黄色。体轻，手捻有光滑感，置手中易由指缝滑落。气微，味淡。

野外识别：羽片多数，对生于叶轴上，平展。黄色柔毛覆盖腋芽。叶缘有不规则的浅圆锯齿。主脉明显，侧脉纤细。叶纸质，干后绿褐色。两面沿中肋及脉上略有短毛。卵状三角形，羽状深裂。孢子囊穗超过小羽片的中央不育部分，排列稀疏，暗褐色，无毛。

生　　境：生于山坡、路边。

濒危等级：无危（LC）。

性味与归经：甘、咸，寒。归膀胱、小肠经。

功　　效：用于清利湿热，通淋止痛。

采收和储藏：秋季孢子未脱落时采割藤叶，晒干，搓揉或打下孢子，除去藤叶。

混 伪 品：无。

植物中文名称索引

Z

植物拉丁名称索引

参考文献

[1] Bing jin, Yujing Liu, Jiaxi Xie, etc. Ethnobotanical survey of plant species for herbal tea in a Yao Autonomous County (Jianghua, China): Results of a 2-year study of traditional medicinal markets at the Dragon Boat Festival. *Journal of Ethnobiology and Ethnomedicine*, 2018(14):58.

[2] Yujing Liu, Selena Ahmed, Chunlin Long. Ethnobotanical survey of cooling herbal drinks from Southern China. *Journal of Ethnobiology and Ethnomedicine*, 2013(9):82.

[3] 王兰,张晓文,赵广才,等.中草药茶饮料饮品凉茶的功效及安全性研究评述[J].中医学报, 2010, 25(5):914-916.

[4] 李金辉,韦仲庆,蒲亮.羊城地[M].第2版.广州:世纪图书出版广东有限公司,2015.

[5] 朱刚.草木甘凉——广东凉茶[M].广州:广东教育出版社,2010.

[6] 中国植物志 http://frps.eflora.cn/.

[7] 中国自然标本馆 http://www.cfh.ac.cn/.

[8] 药品标准查询数据库 https://www.drugfuture.com/standard/.

[9] 中国珍稀濒危植物信息系统 http://rep.iplant.cn/.